外来入侵生物防控系列丛书

豚草监测与防治

TUNCAO JIANCE YU FANGZHI

付卫东　张国良　王忠辉 等　著

中国农业出版社
农村读物出版社
北 京

著　者：付卫东　张国良　王忠辉

宋　振　郭文超　丁新华

前言

QIANYAN

外来生物入侵已成为造成全球生物多样性丧失和生态系统退化的重要因素。我国是世界上生物多样性较为丰富的国家之一，同时也是遭受外来入侵生物危害较为严重的国家之一。防范外来生物入侵，需要全社会的共同努力。通过多年基层调研，发现针对基层农技人员和普通群众防控外来入侵生物的科普读本较少。因此，我们组织编写了"外来入侵生物防控系列丛书"。希望在全社会的共同努力下，让更多的人了解外来入侵生物的危害，并自觉参与到防控外来入侵生物的战役中来，为建设我们的美好家园贡献力量。

豚草属植物共有41种，入侵中国的是普通豚草和三裂叶豚草。普通豚草又名美洲豚草、豕草等，国内最早的普通豚草标本是1935年在浙江杭州采制的；三裂叶豚草又名大破布草，于20世纪50年代初在辽宁沈阳被发现，并迅速发生蔓延。两种豚草对生存环境要求极低，可在恶劣条件下生存并繁殖，黑暗中不发芽的种子可进入二次休眠，存活时间可达5年左右。常生长于路旁、水渠、河岸、荒地、宅旁、庭院、果园、公园、菜园、田间、垃圾堆、林地、牧场及其他隙地，特别迅速地沿道边、渠道等生境传播扩散。普通豚草可在较干燥的土壤上生长，三裂叶豚草在较肥沃湿润的土壤上生长得好。普通豚草和三裂叶豚草入侵农田，与作物争水、争肥、争光，影响农作物生长，使作物产量严重减少；两种豚草可通过挥发、雨水淋溶和根系分泌等途径向环境中释放一些萜类、烯醇类和聚乙炔类等化合物，对周围其他植物生长产生抑制作用；两种豚草是甘蓝菌核病、向日葵叶斑病的转移寄主；豚草属植物花粉是人类花粉病的主要病原，感病者在豚草属植物花粉季会发生哮喘、打喷嚏、流清水样鼻涕等症状，影响生活和工作，体质较弱者能发生其他并发症甚至死亡。两种豚草严重威胁农、牧、林业的健康发展和人类的身体健康，分别被列入《中国第一批外来入侵物种名单》和《中国第二批外来入侵物种名单》之中。《豚草监测与防治》一书系统介绍了普通豚草和三裂叶豚草的分类地位、形态特征、扩散传播、危害方式、生物学与生态学特性、检疫与鉴定、调查与监测和综合防控等知识，为广大基层农技人员识别普通豚草和三裂叶豚草，开展防控工作提供了技术指导。

本书由农业农村部政府购买服务项目（13200277）、新疆维吾尔自治区区域协同创新专项（科技援疆）项目"新疆重大恶性入侵杂草应急灭除与持续治理关键技术研发及应用"（2020E0203）资助。

著　者

2020年10月

目录

MULU

前言

第一章　分类地位与形态特征 ……………………………… 1

第一节　分类地位 …………………………………… 1

第二节　形态特征 …………………………………… 7

第三节　变异生物型 ……………………………… 16

第二章　扩散与危害 ……………………………………… 25

第一节　地理分布 ………………………………… 25

第二节　发生与扩散 ……………………………… 35

第三节　入侵风险评估 …………………………… 65

第四节　危害 ……………………………………… 72

第三章　生物学与生态学特性 …………………………… 91

第一节　生物学特性 ……………………………… 91

第二节　生态学特性 ……………………………… 126

第四章　检疫与鉴定方法 ………………………………… 143

第一节　检疫方法 ………………………………… 143

第二节　鉴定方法 …………………………………… 146

第三节　检疫处理方法 ……………………………… 153

第五章　调查与监测方法 …………………………… 156

第一节　调查方法 …………………………………… 156

第二节　监测方法 …………………………………… 165

第六章　综合防控技术 ……………………………… 178

第一节　检疫监测技术 ……………………………… 178

第二节　农业防治技术 ……………………………… 180

第三节　物理防治技术 ……………………………… 182

第四节　化学防治技术 ……………………………… 187

第五节　生态控制技术 ……………………………… 199

第六节　资源化利用 ………………………………… 221

第七节　综合防控技术 ……………………………… 228

附　录 ………………………………………………… 234

附录1　豚草属检疫鉴定方法 ……………………… 234

附录2　三裂叶豚草疫情监测与综合技术规程 …… 264

主要参考文献 ………………………………………… 271

第一章
分类地位与形态特征

第一节　分类地位

一、系统界元

本书所指豚草是指在中国入侵危害较为严重的普通豚草和三裂叶豚草。

1．普通豚草　普通豚草隶属于菊科（Compositae）向日葵族（Helianthusae）豚草属（*Ambrosia* L.）。

学名：*Ambrosia artemisiifolia* L.

异名：*Ambrosia artemisiifolia* L. var. *elatior*（L.）Desc.

　　　Ambrosia elatior L.

英文名：common ragweed，bitterweed，hay-fever weed

中文别名：美洲豚草、豕草、艾叶破布草、北美艾

原产地：北美洲

2．三裂叶豚草　三裂叶豚草属于菊科（Compositae）向日葵族（Helianthusae）豚草属（*Ambrosia* L.）。

学名：*Ambrosia trifida* L.

异名：*A.integrifolia* Muhl.；*A.trifida* var. *integrirolia* T.&G.；*A.trifida f. integrifolia* Fern.

英文名：Giant ragweed

中文别名：大破布草

原产地：北美洲

二、豚草属（*Ambrosia* L.）简述

豚草属植物有多种类型，包括灌木、亚灌木、多年生草本和一年生草本等。一般全株具腺，有树脂味，具二列腺毛（黏液毛），无柄或有长柄。豚草属植物叶形多样，往往有明显的过渡类型，一回羽状裂或多回羽状裂，掌状裂或不裂，叶柄有或无。豚草属植物均为风媒花，雄花序和雌花序分开，着生在同一枝梢上。雄头状花序，有梗、近无梗和无梗，通常着生在无叶的主茎和分枝顶梢，呈穗状或总状花序。总苞片侧面边合形成宽漏斗形、倒杯形或碟形部苞，总苞片顶端多突出成边缘裂片；花托具托苞，托苞多种形状；含多花或几个小花。雄小花无萼片或冠毛，花冠透明，

钟状，5裂，稀4裂，花瓣间有结合脉；雄蕊5枚，与花冠裂片互生，花丝有时靠合，花药微靠合，散粉期间有时分离，末端附属物三角形到长渐尖状；雌蕊退化，无子房，花柱短，末端截形（无柱头裂片），周围有刷状毛。花粉近球形，有短刷，3萌发孔，稀2～6孔，孔间外壁内发育出片状气室。雌头状花序无柄或有柄，簇生在雌穗基部苞叶叶腋内，已由典型头状花序退化为只有总苞片和1个至数个雌蕊的简单花序，其总苞片基部边合成坚硬的瓶状生殖巢，顶端分开形成或多或少的刺状突起。刺直或有钩，扁或圆，长或短，稀无刺，刺在总苞表面以多种方式排列或散生；无托片，花少（6～7花），或只有1花；有2个以上花者，总苞内分格，每小花占一格。雌小花始祖化，无花被，无雄蕊群；成熟的子房倒卵形，基部有些偏斜，顶部在短花柱基部突然变正圆形；柱头裂片长，条形，表面具有小乳突，裂片通过总苞顶端的喙伸出，具数个花的总苞通常每个柱头具各自分开的喙，但有时只有一个共同的喙。果实成熟后总苞为单位脱落，总苞及其内部所含的1个至数个瘦果共同构成"种子"。由于总苞附属物有差别，故"种子"形状多样。

豚草属植物大多数种类为二倍体，基于染色体组，$X=18$，但远系杂交的种群为四倍体、六倍体和八倍体。具有2个非整倍的衍生种，即二齿豚草（$n=17$）、三裂叶豚草（$n=12$）。

据统计，豚草属植物共有41种，入侵中国的是普通豚草和三裂叶豚草（关广清等，1983；万方浩等，1993）。图1-1为研究人员采集制作的豚草标本。

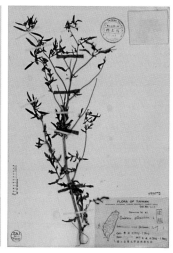

图1-1　豚草标本

（图片来源：台湾大学植物标本馆）

三、分类检索表

豚草属植物在国内的两个外来驯化种检索表（引自《中国植物志》）：

　　1.雄头状花序的总苞无肋；雌头状花序在雄头状花序的下面或在上部叶腋单生或聚作团伞状；

下部叶二次羽状深裂，上部叶羽状分裂…………

……………………………………… 普通豚草

1.雄头状花序的总苞有3肋；雌头状花序在雄头花序的下面聚作团伞状；下部叶3～5裂，上部叶3裂 ……………………… 三裂叶豚草

普通豚草在开花前的营养株与野艾蒿、大籽蒿、小花鬼针草较相似，相互之间辨认容易混淆，4种杂草的叶片形状如图1-2所示，检索表如下（关广清，1985）：

1.叶柄基部有假托叶，全株叶互生

2.叶背面有灰白色密短毛，与叶正面颜色相差悬殊………………………………… 野艾蒿

2.叶背面为微柔毛，颜色与正面差别较小

……………………………………… 大籽蒿

1.叶柄基部无假托叶，全株叶或下部叶对生

3.全株叶对生（有的上部少数叶互生）叶柄细，叶裂片窄，无毛或少毛，质地柔软…………

……………………………………… 小花鬼针草

3.植株下半部叶对生，上半部叶互生，叶柄较粗，裂片较宽，具短糙毛，有粗糙感，质地较硬…………………………………… 普通豚草

A.墨线图（关广清，1985）

1.大籽蒿　2.野艾蒿　3.小花鬼针草　4.普通豚草

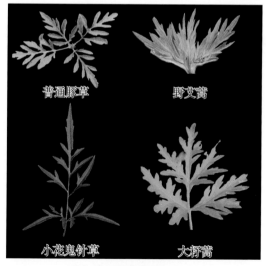

B.几种与普通豚草相似的杂草叶片

图1-2　普通豚草与几种易混杂草叶片的比较

第二节　形态特征

一、普通豚草

1. **植株**　普通豚草为一年生草本植物，主根直，无根草茎，茎直立，植株高20～180 cm，有时可达250 cm；多分枝，茎上有细沟及白毛，粗糙；单叶，下部叶对生，二回羽状深裂，裂片狭小，长圆形至倒披针形，全缘，有明显的中脉，上面深绿色，被细短伏毛或近无毛，背面灰绿色，被密短糙毛；上部叶常互生、无柄，羽状分裂，羽状叶裂片的前端稍钝，叶质较薄，窄卵圆形至广卵圆形或椭圆形，长5～10 cm（关广清，1985）。普通豚草植株特征见图1-3。

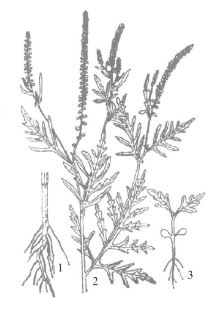

A. 植株手绘图（关广清，1985）

1. 根系　2. 植株上部　3. 幼苗

B. 植株（付卫东摄）

C. 叶片（付卫东摄）

图1-3　普通豚草植株特征

2. 花序、总苞、果实　普通豚草的头状花序很小，有雌花序和雄花序之分，通常雌雄花序同生一株。雄花序有短柄，几十个甚至上百个雄花序呈总状排列在枝梢或叶腋的花序轴上，一株普通豚草有无数个这种花序轴。每个雄花序有一长2 mm左右下垂的柄，柄端着生浅杯状或盘状的绿色总苞，总苞是由5～12个总苞片连成一体的，其上有糙伏毛，直径通常3～4 mm。总苞内着生有5～30个小灯泡似的黄色雄花，边缘无舌状花，每个雄花外面为5个花瓣连成的管状花冠，花冠顶端膨大如球，下部呈楔形囊状以一短柄着生于总苞上（有时总苞也称花盘）。解剖雄花，里面有5个分离的雄蕊和一个位于中央的退化雌蕊。雄蕊有巨大的花药和较短的花丝，花药顶端有一沟状附属物，散粉时花药纵裂，顶端附属物呈尾状外伸。退化雌蕊为圆柱状，顶端具圆盘状退化柱头。开花后，随着雄蕊花药的外伸和开裂，退化雄蕊也外伸，圆盘状的柱头像扫帚一样把仍残留在花药中的花粉粒"扫"出来。这一切完成后，花冠裂片闭合，又呈灯泡状（关广清，1985）。

普通豚草雌花生在总状雄花序轴基部的叶腋中，单生或数个簇生。每个雌花序下有叶状苞片，其内为椭圆形囊状总苞，总苞内只有一朵无被的雌花，子房位于总苞内，两个柱头伸出总苞之外。成熟后，总苞呈倒圆锥形，木质化，坚硬，内包果实成为复果。复果具6～8个纵条棱，每个条棱顶端突出呈尖头状（说明此总苞可能是由6～8个总苞片连合而成的）。顶部中央具喙，连同周围的尖头突起而呈王冠状。复果长4～5 mm，宽2～3 mm。剥开总苞内含一个椭圆形的果实，果皮黑褐色，较薄。剥开果皮里面是一个饱满的白色种子，种子含有大量脂肪。种皮灰白色，很薄。复果的纵剖面自外而内可明显看到总苞、果皮、种皮及胚的相互位置（关广清，1985）。

普通豚草花序、总苞、果实的形态特征如图1-4至图1-6所示。

图1-4 普通豚草花序
（付卫东摄）

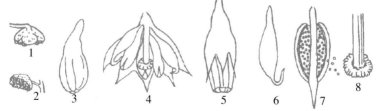

图1-5 普通豚草雄花（关广清，1985）

1、2.雄头状花序 3.待开雄花 4.雄花解剖 5.开放的雄花
6.雄蕊 7.花药纵散粉 8.退化雌蕊柱头

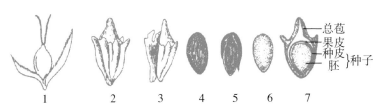

1   2   3   4   5   6   7

图1-6 普通豚草雌花及复果（关广清，1985）

1.雌头状花序 2.复果 3.总苞壳 4.果实 5.果皮
6.种子 7.复果纵剖面

3. 幼苗　如图1-7所示，普通豚草幼苗的下胚轴较粗，紫色或紫褐色，长10～15 mm，粗1.25～1.50 mm，子叶短椭圆形，长3～5 mm，宽2.0～3.5 mm，具短而宽的子叶柄；上胚轴长5～10 mm，初生叶深绿色，具毛，叶羽状深裂、具两对阔卵状披针形的侧裂片和一个较大的顶裂片，叶柄有毛，几乎等于叶片的长度；后生叶具密毛，全裂，侧裂片两个，广椭圆形，顶裂片三裂倒卵形，有毛（关广清，1985）。

图1-7 普通豚草幼苗（付卫东摄）

二、三裂叶豚草

1. 植株　如图1-8所示，三裂叶豚草为一年生直立草本植物，直根系，植株高0.5～2.5 m，有的可达5 m以上。茎不分枝或上部分枝，有纵条棱，被短糙毛，老时近无毛。叶对生，有时互生，下部叶3～5裂，上部叶3裂或有时不裂，裂片卵状披针形或披针形，顶端急尖或渐尖，边缘有锐锯齿，有三基出脉，粗糙，上面深绿色，背面灰绿色，两面被短糙伏毛。叶柄长2～3.5 cm，被短糙毛，基部膨大，边缘有窄翅，被长缘毛。叶片很大，长宽均可达6～15 cm，掌状三深裂，有3条强劲的主脉自叶柄顶端发出，三裂叶豚草的命名也由此而来；有时两个侧生主脉各分出一个同主脉相同粗细的分枝，看上去好像有5条主脉，形成5个裂片。每个裂片短椭圆形，边缘有浅锯齿，顶端渐尖。叶片两面均有短糙毛、叶脉上的毛较长（关广清，1985）。

2. 花序、总苞、果实　如图1-9所示，三裂叶豚草的雄头状花序多数，圆形，直径约5 mm，有长2～3 mm的细花序梗，下垂，在枝端密集成总状花序；总苞浅碟形，绿色；总苞片结合，外面有3肋，边缘有圆齿，被疏短糙毛；花托无托片，具白色长柔毛；每个头状花序有20～25个不育的小花；小花黄色，长1～2 mm，花冠钟形，上端5裂，外面有5条

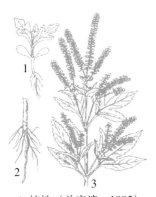 

A.植株（关广清，1985）

1.幼苗　2.根系　3.植株上部

B.3种类型叶形
（关广清，1985）

1.叶不裂型　2.深齿型　3.五裂叶型

C.叶片（付卫东摄）　　　　　D.叶片（付卫东摄）

E.植株（付卫东摄）　　　　　F.草根（付卫东摄）

图1-8　三裂叶豚草植株特征

紫色条纹。花药离生，卵圆形；花柱不分裂，顶端膨大呈画笔状。雌头状花序在雄头状花序下面的叶状苞叶的腋部聚作团伞状，具一个无被能育的雌花；总苞倒卵形，长6～8mm，宽4～5mm，顶端具圆锥状短喙，喙部以下有5～7肋，每肋顶端有瘤或尖刺，无毛，花柱2深裂，丝状，伸出总苞的喙部之外。显微镜下三裂叶豚草的花粉粒表面具刺状纹饰，三孔沟，直径15～20μm。瘦果倒圆锥形，褐色，长6～10mm，宽4～7mm，顶端具有较粗的圆锥形喙，喙周围尖锐突起，无毛，藏于坚硬的总苞中（关广清，1985）。

图1-9　三裂叶豚草花序（付卫东摄）

3. 幼苗 如图 1-10 所示，三裂叶豚草幼苗的下胚轴长 20 ~ 50 mm，粗壮，直径可达 5 ~ 6 mm，光滑无毛，上部绿色，近地面处黑紫色或红色，有时长不定根，子叶大型，匙状，长 10 ~ 15 mm，宽 9 ~ 15 mm，基部逐渐过渡为子叶柄，子叶柄长度与子叶相同；上胚轴长 20 ~ 30 mm，具棱和开展的毛；初生叶 2 个对生，长卵圆形，3 个裂片，2 个侧裂片较小，顶裂片较大，叶背淡绿色，正面鲜绿色，具伏生毛，羽状网脉，后生叶有 3 个大齿或三浅裂，对生（关广清，1985）。

图 1-10 三裂叶豚草幼苗（付卫东摄）

第三节　变异生物型

Dickerson 等（1971）对北美12个地区采集的不同生态型的豚草进行研究表明：从较北的纬度到较南的纬度，明显地看到成熟的花序呈逐渐减少的趋势，这种减少与总的营养器官的生长量增大有直接联系。他们认为，豚草的生态型对其生长地的温度和日照长度有遗传适应性，来自偏南纬度的生态型需要较短的日照长度才能与来自偏北纬度的生态型一同进入同一生殖生长期。

一、普通豚草

普通豚草的植株形态变化较大，主要表现在叶的形状、毛和雄花总苞的大小上。这些差异主要受光周期和温度影响。据观察，至少有早熟类型、迟熟类型、雌株类型3种变异类型。早熟类型、迟熟类型的形成可能与光周期和温度有关。普通豚草属于短日照植物，在短日照条件下植株矮小，雄花少。所以，迟熟类型可能代表北方类型，早熟类型可能代表南方类型（关广清，1985）。

1. 早熟类型　植株较矮小，分枝少，茎常为暗紫色，尤其在向阳面，这是花青素的颜色。在辽宁，7月中、下旬即开花。雄花序轴（即所谓的穗）比较少，仅10～20个。花也少，所结果实不多。

2. 迟熟类型　植株高大，分枝多并呈密丛状，茎绿色。9月下旬开花，一直延续到10月上旬，10月5日还曾在辽宁沈阳采到盛花期的普通豚草标本。迟熟型植株每株可抽出数百乃至近千个雄花序轴（穗），雌花也多，可形成万粒以上种子。

3. 雌株类型　植株不高大，分枝很多，不产生雄性花序，营养生长期的分枝顶端叶密集。在开花期，众多分枝的顶端都形成圆锥状的雌花序轴。雌花序轴自下而上有很多分枝，下部分枝较长，还有次一级的分枝，每个小分枝顶端都有密集的簇生叶，其内簇生若干雌花序，有的小枝中部也有簇生叶及簇生雌花序，向上的分枝逐渐变短，小枝顶端簇生叶及簇生花序渐少，花序轴末端的一些小枝细而短小，顶端只有1～2片小叶，着生1～2个雌花序。最上部的一些小枝仅生1个叶、1个雌花序。普通豚草雌株产生的种子（复果）很多。其形态结构与一般豚草相似，但比较小，长2～3 mm，宽2 mm左右（图1-11）。

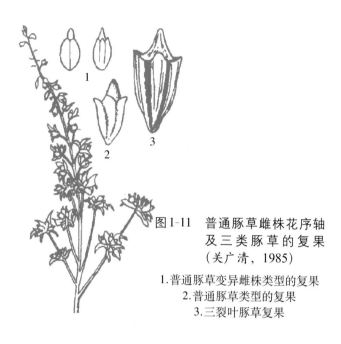

图1-11　普通豚草雌株花序轴
及三类豚草的复果
（关广清，1985）

1.普通豚草变异雌株类型的复果
2.普通豚草类型的复果
3.三裂叶豚草复果

二、三裂叶豚草

三裂叶豚草形态多变，除正常的3～5掌状深裂叶类型外（普通型或正常型），还有叶不裂型、深齿型和全裂叶型3种变型，从而造成识别困难（关广清，1990）。

1. 叶不裂型　这种类型营养器官较正常类型小，高30～100 cm，茎粗4～9 mm，少分枝或不分枝，最大特点是叶片不分裂（图1-12）。美国一度曾称此种变型为三裂叶豚草全叶变种，用过 *A. trifida var. integrifoli* 的学名。叶对生；叶柄长2～3 cm，具叶片延伸下来的窄翼；叶片长椭圆形或阔椭圆形，长

6～15 cm，宽3～6 cm；叶基楔形或圆形，叶端渐尖，叶缘具浅锯齿，齿尖有小突。叶脉为羽状网脉，但基部2条侧脉粗大，似由原来的3条掌状主脉变化而成。叶片两面具短糙毛，并存许多凹凸点，正面为凹点，背面为凸点。生殖器官同正常类型，但花序较少，种子量不大。这种类型在自然界较为常见。还可见到一部分叶不裂、一部分叶掌状深裂的过渡类型。

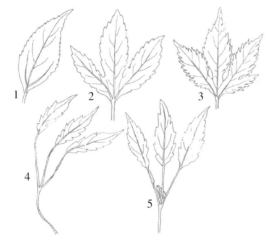

图1-12　三裂叶豚草各种类型的叶（关广清，1990）
1.叶不裂型　2.深裂型（普通型）　3.深齿型　4.全裂叶型
（早育型，裂片柄无残留物）　5.全裂叶型（晚育型，裂片柄有残留物）

2．深齿型　这种类型叶多为3～5掌状深裂，花序枝叶不裂。显著特点是叶缘锯齿较深，往往深达4～6 mm，每个锯齿常附有一个小锯齿，呈重锯齿状。3 ~ 5裂的叶，裂片较窄，长椭圆形，宽2 ~ 3 cm，从裂口到裂片尖长6 ~ 7 cm，叶尖渐尖，叶基阔楔形，叶柄较长，4 ~ 6 cm，具窄翼；叶脉为掌状三出脉。花序同普通类型。这种类型植株往往同普通型一样粗壮高大，叶也是对生。在自然界出现的不普遍。

3.全裂叶型 此种类型与正常型差别较大。最大特点是叶为掌状全裂叶。在长长的叶柄顶端，裂生出3条细柄，每柄顶端着生一裂片。裂片卵状披针形、椭圆状披针形或条形，叶基楔形或偏斜，叶尖渐尖近尾状，叶缘具整齐锯齿或不整齐缺刻状齿。裂片叶柄基部有的有叶片残留物。全裂叶型的形成存在两种形式，即早育型和晚育型。早育型，叶片展开后即呈全裂状态，裂片较整齐，裂片柄无残留物；晚育型，叶片初期为深裂叶，不久裂片基部叶脉迅速进行居间生长，形成裂片叶柄，把裂片推开，使整个叶呈全裂叶，裂片基部为破裂状，裂片柄具残留叶片，裂片柄长3 ~ 8 cm。

全裂叶型植株可塑性很大。条件不好时，植株细弱矮小，株高不到1 m；条件良好时，则可发育成3 m以上的巨大植株，具33 ~ 36节，茎中部粗达2.7 cm。主茎中下部和侧枝的叶对生，主茎上部叶互生，个别节叶对生或错位对生，即对生叶有1 ~ 2 cm的间距。

分枝集中于茎上部，下部无分枝。

雄花序粗壮肥大，与正常型无异，雌花序簇生在雄花序基部叶腋内，数目较多，呈轮生状。复果倒圆锥形，长6 ~ 9 mm，顶宽4 ~ 5 mm，通常为黄褐色。壳状总苞具5 ~ 7锐棱，有时可明显分为内外两轮，锐棱顶端延伸出尖刺，内轮刺高于外轮。总苞质地较薄，常破裂露出内部的黑褐色瘦果，瘦果倒圆锥形，顶端具短喙，这些特征都不同于普通类型。两种类型的特征区别见表1-1。

表1-1　全裂叶型和普通型三裂叶豚草的特征区别 （关广清，1990）

项目	全裂叶型	普通型
叶序	主茎中下部和侧枝叶对生，主茎上部叶互生（稀错位对生）	叶全部对生，仅大型植株顶部少数叶互生
叶型	掌状三全裂（稀五全裂），裂片具细而长的柄	叶掌状3 ~ 5深裂
壳状总苞	具锐棱，顶部较尖，常呈两轮排列，质地薄，有时破裂露出瘦果	具钝棱，顶尖较钝，通常不排列成两轮，质地较厚，不破裂
瘦果	顶端具明显喙	顶端无明显喙

三、普通豚草与三裂叶豚草杂交种

植株大小与普通豚草相似，不及三裂叶豚草那样高大（图1-13）。叶基本上对生，类似三裂叶豚草，但

图1-13 普通豚草与三裂叶豚草
杂交种的植株特征

（右上角为具有三裂叶构形的叶形）

顶端少数叶互生又似普通豚草。叶片羽状全裂或深裂，类似普通豚草叶形，但裂片较宽（0.8～2 cm），同时基部两个侧裂片发达，往往有二级裂片，整个叶片又有三裂叶豚草叶的构型。此外，裂片边缘有锯齿，与三裂叶豚草相同，植株上部叶裂片渐少，逐渐不裂呈披针形，叶缘无锯齿，叶柄有窄翼又与普通豚草相近。从花序看，其粗壮程度及总苞大小与三裂叶豚草相近，但总苞背面不见明显褐色放射线又是普通豚草的特征。杂交种的雌花序也生于雌花序轴基部的叶腋内，多为单生，未见有成熟复果（关广清，1985）。

四、杂交种与普通豚草和三裂叶豚草的异同

根据对杂交种、普通豚草和三裂叶豚草的形态特征进行观察，从植株大小、叶序、叶形、裂片边缘、上部叶形、花序等方面进行了比较（表1-2）。

表1-2 杂交种与普通豚草和三裂叶豚草特征比较
(关广清，1985)

项目	杂交种	普通豚草	三裂叶豚草
植株大小	较小	较小	高大
叶序	大部对生，顶部少数叶互生	植株下部叶对生，大部叶互生	全株叶对生
叶形	羽状全裂或深裂，裂片宽 (0.8 ~ 2.0 cm)，有三裂叶构形	羽状全裂，裂片较窄 (0.2 ~ 1.0 cm)	掌状3 ~ 5裂
裂片边缘	锯齿	全缘	锯齿
上部叶形	上部叶裂少到不裂，全缘	上部叶裂到不裂，全缘	上部叶有裂 (不裂型除外)，有齿
花序	总状花序粗细中等，总苞背无褐色放射线	总状花序较细，总苞背无褐色放射线	总状花序粗大，总苞有褐色放射线

在显微镜下，通过对普通豚草、三裂叶豚草及其杂交种的根、茎、叶进行解剖发现：普通豚草、三裂叶豚草及杂交种根、茎、叶的内部结构与一般草本植物相似，根的肉皮起初为一层细胞，后在初生韧皮部外方部位的皮层节向分裂为2层，且在其间产生一至数个分泌道；普通豚草和三裂叶豚草的初生木质部主根为4原型，侧根为2原型或3原型，而在所见到的杂交种中为2原型；次生生长过程中可见皮层呈切向和径向分裂，后期中柱鞘呈切向分裂，皮层遭破坏的现象。普通豚草茎的横切面近圆形，三裂叶豚草和杂交

种近菱形，前者几乎在所有维管束外有分泌道；后两者在其较大的维管束外有分泌道，有的气孔高于表皮向外突出；皮层中厚角组织发达；髓射线较窄。根与茎中的纤维均发达。普通豚草叶片横切面为波状，主脉下半部近方形，而三裂叶豚草和杂交种较平直，主脉下半部近半圆形。几种豚草营养器官解剖结构异同点见表1-3（万方浩等，1993）。

表1-3　杂交种与普通豚草和三裂叶豚草营养器官解剖结构异同点

种	类	杂交种	普通豚草	三裂叶豚草
根	初生木质部	2原型	4原型	4原型
	次生木质部	大导管散乱排列，射线不明显	大导管辐射状排列，较整齐，射线明显	大导管辐射状排列，较散乱，射线较明显
茎	横切面轮廓	近四菱形	近圆形	近四菱形
	皮层分泌道的位置	位于较大维管束外侧的薄壁中	几乎位于所有维管束外侧的薄壁细胞中	位于较大维管束外侧的薄壁细胞中
叶	叶片横切面形状	较平直	波状	较平直
	主脉下半部形状	近半圆形	近方形	近半圆形
	栅栏组织	2层细胞，形状较规则，排列较整齐、紧密	2层细胞，形状较规则，排列较整齐、紧密	1～2层细胞，形状较不规则，排列较疏松
	海绵组织延伸入主脉的深度与宽度	较大	大	较小

第二章
扩散与危害

第一节 地理分布

一、世界分布

1. 普通豚草 普通豚草起源于北美洲美国西南部和墨西哥西北部的索诺兰（Sonoran）地区，近200年来，在世界范围内迅速蔓延（万方浩、王韧，1990），广布世界大部分地区，现已传播至欧洲、美洲、亚洲、大洋洲等30多个国家和地区，分布的国家和地区有加拿大、美国、墨西哥、危地马拉、古巴、牙买加、秘鲁、玻利维亚、巴拉圭、法属圭亚那、智利、巴西、阿根廷、澳大利亚、新西兰、德国、法国、瑞士、瑞典、意大利、匈牙利、捷克、斯洛伐克、乌克兰、波兰、奥地利、毛里求斯、俄罗斯、白俄罗斯、中国、日本、朝鲜、韩国等。

2. 三裂叶豚草　三裂叶豚草同样起源于美国西南部和墨西哥西北部的索诺兰（Sonoran）地区，现已传播到世界各地，目前在法国、德国、瑞典、瑞士、意大利、匈牙利、奥地利、乌克兰、白俄罗斯、俄罗斯、土库曼斯坦、格鲁吉亚、哈萨克斯坦、日本、菲律宾、马来西亚、印度、印度尼西亚、埃及、利比亚、突尼斯、加拿大、美国、墨西哥、危地马拉、古巴、牙买加、玻利维亚、秘鲁、巴拉圭、巴西、法属圭亚那、智利、阿根廷、澳大利亚、波兰、朝鲜、韩国、捷克、斯洛伐克均有分布。

二、国内分布

1. 普通豚草　周忠实等（2011）系统调查了普通豚草在我国的分布情况，结果显示，普通豚草在我国21个省（自治区、直辖市）的1 038个县市有分布，发生面积达247万hm^2。国内分布省份有黑龙江、吉林、辽宁、新疆、北京、天津、河北、河南、山东、安徽、浙江、福建、上海、江苏、湖北、湖南、江西、四川、贵州、广东、广西、台湾等，近年来仍在不断地向其他地区蔓延。科研人员根据国内普通豚草发生传播状况，划分为5个发生传播中心，即辽宁中心区、秦皇岛中心区、青岛中心区、长江中下游中心区和新疆中心区（王娟等，2011）。

（1）辽宁省。20世纪70年代初在铁岭首次发现普通豚草（关广清等，1983），现在辽宁省除阜新市外均有分布，特别是铁岭、沈阳、丹东、本溪等市危害面积大，具有适应性强、分布广的特点。铁岭市于2002年8月23日至9月25日开展了一次针对豚草类杂草的大规模调查，结果显示，调查的7个县（市）、区的54个乡（镇）全部发现豚草类杂草，种类为普通豚草和三裂叶豚草，发生面积为3 364.7 hm^2，分布于农田、田边地头、沟渠边、河流边、公路两侧等多种生境。

（2）吉林省。邢艳芳于2010—2012年对吉林省普通豚草的分布进行了调查，在长春市、四平市、辽源市、梅河口市、柳河县、白山市、通榆县、松原市、通化市、辉南县、吉林市均有普通豚草分布，并且有向周边地区继续扩散的趋势；蛟河市2010年未发现，2011年有零星普通豚草分布；在延吉市、敦化市、舒兰市、靖宇县等没有普通豚草分布。在所调查的不同生境中，四平市的混合生境（垃圾堆、公路旁、生活区）和路边林下生境分布范围最广，并且密度和覆盖度最大，密度分别为86%和93%，覆盖度分别为97.33%和86.69%。其次是长春市客运北站、建筑垃圾和公园林下生境，密度分别为71.20%、80%和83%，覆盖度分别为86.97%、81.18%和84.67%。省内其他地区的生境分布相对较少，密度、覆盖度和面积也相对较小，均小于长春市和四平市。因此，可以判断长春市和四平市是普通豚草在吉林省的分布中心；从普通豚草在吉林省的分布中心看，四平市、长春市与辽宁省普通豚草的分布中心铁岭市三点在一条直线上，相互之间的距离很近，完全可以通过交通和贸易来往等因素带入。

（3）黑龙江省。2000—2006年黑龙江省在农业有害生物疫情普查中发现，普通豚草和三裂叶豚草有扩散蔓延的势头，发生分布范围逐年扩大。其分布由20世纪70年代的哈尔滨中医学院院内和黑龙江省园艺研究所院内的几十平方米扩大到现在的哈尔滨、阿城、宝清、鹤岗、牡丹江等7个地（市）10个县（市）、1个农场，发生面积为267 hm^{2}以上，均分布在庭院内、住宅旁、公园、路旁、山坡、沟渠、铁路沿线和田边、地头。主要分布在牡丹江、林口、穆棱、宁安、密山，面积超过200 hm^2（杜淑梅，2007）。

（4）安徽省。安徽省于1986年首次在和县发现普通豚草。20世纪90年代后，由于农产品调运频繁，尤其在修建道路时运输建筑沙石的过程中普通豚草蔓延速度加快。2002年8～10月，安徽省开展了对普通豚草、紫茎泽兰、假高粱等有害植物的专项普查工作。普通豚草在安徽省马鞍山、六安、淮南、安庆、宣城、宿州、芜湖、滁州、阜阳等市均有发生，目前发生生境大部分为路边、沟边、荒滩、庭院等，沿公路、铁路两边的发生程度最重。在淮北地区已入侵部分麦田，对旱地作物构成危害（王明勇，2005）。

（5）江西省。江西省普通豚草全部集中分布于北纬25°4′（赣东）～27°6′（赣西），东经117°3′～111°3′，沿浙赣、湘赣铁路以北地区，赣中南地区尚未发现，计6市19个县。成片分布的县（市），主要是南浔铁路、公路沿线的九江、德安、永修、南昌市郊和紧邻的湖口、星子、瑞昌、景德镇、安义、新建。20世纪70～80年代，入侵的尚有丰城、南昌、进贤、鹰潭、余江、贵溪、新渝。其他零星偶见的有东乡、上高、高安、波阳等地。最高分布于庐山枯岭邮电疗养院（海拔1 100 m）和花径路旁（海拔980 m），永修县云居山古庙旅游区从尼姑庵（海拔300 m）到

山顶庙旁（海拔830 m）均有分布。庐山邮电疗养院
1 100 m处是我国普通豚草分布的最高点（董闻达，
1989）。

（6）广东省。冯莉等（2012）调查了普通豚草在
广东省的发生分布和危害状况，从普通豚草在广东省
的分布来看，主要是沿国道（G106、G205、G206）、
省道（S248、S342、S323）向乡间小路扩散分布，与
湖南、江西、福建和广西相邻的市（县）有发生，特
别是与湖南相邻的韶关地区发生最重，普通豚草在
广东省形成由北部向南部、由东西部向中部扩散的
趋势。

（7）江苏省南京市。张文明等在1989年对江苏
省南京市郊及部分郊县进行了豚草类杂草的分布调
查（表2-1），结果表明，南京市发生中心以普通豚草
为主，三裂叶豚草仅局部少量发生。分布型为随机分
布，扩散系数为4.96，大于1.5，中心平均密度17.78
株/m^2，盖度达67.32%，平均株高为89.95 cm，频度
达98.33%，100%盖度处的最高密度达150株/m^2，主
要分布在公路边、住宅旁、沟边、塘边、荒地、果园、
松林、农田埂，并有少量入侵了大豆田、甘薯田、果
园、蔬菜田等，在旅游区也有不同程度的分布。

表2-1　江苏省南京市普通豚草分布情况 （张文明等，1990）

调查地	密度（株／m²）	扩散系数	盖度（%）	株高（cm）	频度（%）
江宁	16.18	6.02	60.58	86.6	100
江浦	22.35	3.33	72.03	86.9	95
市郊	14.82	5.53	69.35	96.35	100
平均	17.78	4.96	67.32	89.95	98.33

（8）山东省青岛市。青岛市1945年在青岛海洋大学（今中国海洋大学）院内（该校当时为外国军营）发现普通豚草，1987年开始调查，现已传播到崂山区、黄岛区、即墨市、莱西市、胶州市，并在市区公园、风景区、街道两侧均能见到，这对农业生产和城乡居民身体健康造成很大危害（张茂伟等，1996）。

2. 三裂叶豚草　三裂叶豚草在我国主要分布在东北地区、华中地区、华北地区、华东地区，并由东北地区向河北、北京扩散，后逐渐向江苏、河南、山东、陕西、江西、浙江、湖南、四川、内蒙古、安徽、广东、上海、新疆等多个省份扩散和传播（郭琼霞等，2013）。

（1）北京市。1987—1988年，三裂叶豚草在海淀、通州、昌平、朝阳和丰台等曾有零星发生。1990年在顺义区马坡乡发现了面积更大的三裂叶豚草，防治3年后疫情未得到控制，并有所蔓延扩散。1993年5月调查时，在马坡乡10个自然村的路、渠、村旁荒地、个别农户和单位院内发现了该草，发生面积达320 hm²，其中粮田133 hm²，在有些地段三裂叶豚草已成为优势杂草种群（张金良等，1997；刘全儒等，2002）。

（2）黑龙江省。2000—2006年黑龙江省在农业有害生物疫情普查中发现，普通豚草和三裂叶豚草有扩散蔓延的势头，发生分布范围逐年扩大。三裂叶豚草主要分布在哈尔滨、阿城、宝清、嫩江、九三农垦分局鹤山农场，面积约66.7 hm²（杜淑梅，2007）。

（3）吉林省。研究人员于2010—2012年对吉林省三裂叶豚草的分布进行了调查，在长春市、四平市、辽源市、梅河口市、柳河县、白山市等发现三裂叶豚草分布。通过分析发现，在不同生境所有调查中，四平市的混合生境（垃圾堆、公路旁、生活区）和路边林下生境三裂叶豚草分布范围最广，并且密度和覆盖度最大，密度分别为88.7%和86.5%，平均覆盖度分别为97.33%和86.69%。其次是长春市客运北站、建筑垃圾和公园林下生境三裂叶豚草分布最广，密度分别为84.3%、86%和87%，平均覆盖度分别为91.01%、86.5%和92.43%。省内其他生境三裂叶豚草分布相对较少，密度、覆盖度和面积也相对较小，均小于长春市和四平市。因此，可以判断长春市和四平市是三裂叶豚草在吉林省的分布中心。

（4）上海市。上海市早期的《上海植物名录》《上海野生植物》以及1959年与1983年的《佘山植物名录》等资料中均无关于三裂叶豚草的记录，只在《上海植物志》中有"奉贤区分布"的简要记载。另外，在华东师范大学生物系标本室中保存有1989年由钱士心先生在上海浦东地区采集的三裂叶豚草标本。2004年，对上海佘山地区进行植被调查的过程中，在小昆山采集到一植物标本，当时未能鉴定出种名。通过向当地人员了解，该物种已在此处存在较长时间，但未呈群落分布。2006年4月追踪调查时再次发现该物种，由上海科技馆的秦祥垄研究员鉴定为三裂叶豚草，并已呈群落分布。新发现的三裂叶豚草群落分布于小昆山山腰处，主要集中于林缘两个土坟周围，在周边路旁也有斑块分布，人为干扰较强，整个群落面积在100 m^2左右，群落内枯枝落叶层薄，多砾石和部分砖块等建筑垃圾。

（5）四川省。三裂叶豚草于2007年被发现在四川省自贡市富顺县和沿滩区（周小刚等，2009），并已经定殖形成种群。经普查，四川省发生面积共约2 700 hm^2，分布于自贡、宜宾、内江3市的10个县（区），可能是伴随玉米种子从东北、华北地区传入。2018年9月，通过在自贡市沿滩区、富顺县和宜宾市南溪区对三裂叶豚草进行了监测和调查，发现从沿滩区王井镇至南溪区大观镇沿S206省道约40 km的公路两侧为三裂叶豚草的集中发生区，三裂叶豚草在路旁荒地、沟渠、田边呈带状或团块状分布，密度可达150株/m²。在富顺县，三裂叶豚草沿邓泥路、板永路向西扩散至永年镇、板桥镇和李桥镇，沿S305省道、S207省道及各级县乡道向东扩散至柑坳乡、起凤乡、赵化镇、新农乡、怀德镇等乡（镇），总发生面积超过1 000 hm²。在南溪区，三裂叶豚草沿南大路扩散至刘家镇和仙邻镇，在公路、乡村小道两侧和荒坡呈点状或块状分布，刘家镇和仙邻镇以南地区暂未发现该入侵杂草。

（6）新疆维吾尔自治区。2010年三裂叶豚草开始入侵到新源县则克台镇，主要分布在伊犁钢厂、亚麻厂、218国道之间，而这些工厂跟辽宁、北京等三裂叶豚草分布区有贸易往来，故推测是通过货物运输方式传入。2012年，扩散到那拉提景区门口附近弃荒地，扩散距离超过65 km。2014年，三裂叶豚草在则克台镇和吐尔根乡分布面积与分布频度显著增加。2016年，三裂叶豚草分布密度变大，沿218国道则克台镇到那拉提镇等6个乡（镇）均有分布，在则克台镇和吐尔根乡三裂叶豚草已经对农田、草场构成严重危害。所以，三裂叶豚草主要是沿218国道分布（董合干等，2017）。2012年8月，在新疆维吾尔自治区伊犁河谷发现三裂叶豚草，通过对伊犁河谷的调查，三裂叶豚草的发生面积约为15 hm^2。

（7）贵州省。2015年在对贵州省林业外来有害生物进行专项调查时，在贵阳市花溪区贵筑街道、溪北街道、清溪街道、青岩镇及小河经济开发区的花孟街道发现了三裂叶豚草的入侵，此次发现是首次在贵州发现三裂叶豚草的入侵。目前，三裂叶豚草在花溪和小河的分布虽然范围不大，但生长良好，在局部范围发生较为严重（杨再华等，2017）。

第二节　发生与扩散

一、入侵生境

普通豚草和三裂叶豚草是公认的世界性恶性杂草，大多数国家均将其列为恶性入侵物种。2003年普通豚草被列入《中国第一批外来入侵物种名单》之中，2010年三裂叶豚草被列入《中国第二批外来入侵物种名单》之中。两种杂草对生存环境要求极低，可在恶劣条件下生存并繁殖，种子存活时间长。常生长于路旁、水渠、河岸、宅旁、庭院、果园、公园、菜园、田间、垃圾堆、荒地、林地、牧场及其他隙地，特别迅速地沿道边、渠道传播。普通豚草可在较干燥的土壤上生长，而三裂叶豚草则喜好在较肥沃湿润的土壤上生长（关广清，1983）。

普通豚草和三裂叶豚草入侵小麦田、农田、玉米田、公路两侧、林地、草场、荒地、居民生活区生境见图2-1至图2-8。

图2-1　入侵小麦田生境
（付卫东摄）

图2-2 入侵农田生境（①②付卫东摄；③张国良摄）

图2-3 入侵玉米田生境（付卫东摄）

图2-4 入侵公路两侧（付卫东摄）

图2-5 入侵林地生境（付卫东摄）

图2-6　入侵草场生境（付卫东摄）

图2-7　入侵荒地生境（付卫东摄）

图2-8 入侵居民生活区（付卫东摄）

二、扩散途径

（一）传入途径

1. 普通豚草　普通豚草在国内最早的记载见于1959年的《江苏南部种子植物手册》，记载其在我国长江流域已驯化野生成为路旁杂草。国内最早的普通豚草标本是1935年在浙江杭州采制的，现存于江苏南京中山植物园。因此，推断普通豚草传入我国的时间应在20世纪30年代或更早（黄宝华，1985）。根据现有资料，普通豚草传入我国主要是属于人为无意引入，传入途径大致可能有3种：

（1）由苏联等邻国传入。苏联于1918年首次发现普通豚草，并一直将其列为对外检疫对象（黄宝华，1985）。普通豚草是在俄罗斯局部分布的检疫性有害生物，并列入俄罗斯联邦政府植物检疫性有害生物名录中（肖良，1995）。普通豚草在苏联的发生地有欧洲部分南部、哈萨克斯坦阿拉木图郊区等（列别捷夫等，1981）。20世纪70年代初和70年代末分别在辽宁铁岭和丹东出现普通豚草（关广清等，1983），可能是沿着铁路线自苏联而来（黄宝华，1985）。1991年9月，黑龙江哈尔滨动植物检疫局在伯力—哈尔滨的国际航班一入境旅客携带的荞麦中发现了普通豚草等大量杂草籽（曾庆才等，1991）。1992年4月3日，哈尔滨动植物检疫局从韩国邮寄入境的波斯菊种子中检出检疫性杂草普通豚草（方永劭等，1992）。2000年从俄罗斯进口的大豆中，曾45次截获国家三类危险性杂草普通豚草和7次截获国家二类危险性杂草菟丝子及多种其他杂草；绥芬河口岸从俄罗斯滨海地区进口的大豆中经常截获普通豚草的"种子"，在52个抽检的5 kg样品中，发现45批含有普通豚草籽，最少的1批检出5粒，而最多的高达1 934粒（郑超等，2001）。

（2）由侵华日军的马料中带入，传入长江中下游一带和哈大线一带。据武汉大学植物标本馆的工作人员介绍，武汉珞珈山的普通豚草是抗日战争时期日军占领武汉时传入的。抗日战争时期，武汉大学撤往重庆前，在珞珈山从未见过普通豚草。日军占领武汉后，珞珈山成为日本的陆军医院和军马场，普通豚草随饲料和医院物资传入。日本投降后，武汉大学迁回珞珈山，在标本馆附近发现一种不认识的杂草，经鉴定为美洲的普通豚草。后来在珞珈山这种杂草便扩散蔓延开了，1950年采制了标本（黄宝华，1985）。

（3）随着农作物的大量进口，普通豚草的种子也随之混入其中。1997年，皇岗口岸先后从美国进口的亚麻籽中检出普通豚草草籽一批，从加拿大进口的大豆中检出三裂叶豚草籽和普通豚草草籽各一批，这是皇岗口岸首次截获的两种危险性豚草；山东青岛口岸于2000年至2001年6月，从美国进口大豆中截获普通豚草的截获率为91.7%，最高含量为57.10粒/kg；山东烟台口岸从大豆中截获普通豚草籽的截获率在2008年为7.9%，到2009年则达到10.2%；对2003—2008年间从广东湛江口岸入境大豆携带杂草籽疫情进行分析，普通豚草草籽截获批次为128次，截获率为31.84%，来源国为美国、阿根廷、巴西3国；2009—2014年，福建长乐口岸从进口粮谷中截获普通豚草籽的批次为49次；根据对2007—2014年福建泉州口岸进口大豆检出杂草的情况进行分析，从美国、巴西、阿根廷、加拿大进口的大豆中截获普通豚草籽批次为35次，截获率为41.7%；根据统计，2012—2015年广东黄埔口岸在进口大豆、大麦、高粱、玉米、小麦和豌豆的检验检疫中检出普通豚草籽的批次为505次。

2. 三裂叶豚草　三裂叶豚草是何时传入国内的目前没有确切记载。在20世纪初Komarovii编的《满洲植物志》里记载东北地区尚无分布。国内最早的记载见于1959年的《东北植物检索表》，其记载三裂叶豚草在我国东北已驯化，常见于田野、路旁或河边的湿地。1962年，在浙江杭州的灵隐、黄龙洞一带曾采到过三裂叶豚草的标本（黄宝华，1985）。

三裂叶豚草于20世纪50年代在沈阳被发现，并迅速发生蔓延（关广清等，1983）。苏联于1935年首次发现三裂叶豚草，并将其列为检疫对象（黄宝华，1985）。通过推断，三裂叶豚草传入国内的途径可能是通过铁路运输货物或鸟类迁徙于20世纪50年代初传入我国东北，在辽宁定殖，并以沈阳、铁岭为中心，沿交通线四处蔓延（关广清，1985）。

魏尊苗等（2018）对黑龙江口岸2013—2017年从俄罗斯进口的大豆中截获的有害生物进行了统计分析，其中普通豚草籽的截获批次为1 369批次，三裂叶豚草籽为4批次，豚草属其他植物草籽为940批次，豚草属占总截获有害杂草数的42.32%。2006年12月5日，江苏徐州口岸从来自韩国装载机械零部件的集装箱内发现的杂草种子，经江苏出入境检验检疫局植检实验室鉴定为三裂叶豚草种子，这是徐州口岸首次截获（张尊斌等，2007）。2008年7月17日，福建福清出入境检验检疫局在福州新港从我国台湾进境集装空箱中截获三裂叶豚草种子（董文勇等，2009）。2013年，贵州出入境检验检疫局截获有害生物37批，其中检疫性杂草三裂叶豚草为贵州首次截获（《贵阳都市报》，2014）。

（二）扩散途径

种子繁殖是豚草属植物的繁殖方式。普通豚草和三裂叶豚草的繁殖能力强，能产生大量的种子。普通豚草单株可产种子3 000 ~ 62 000粒（万方浩等，1988），最高可达120 000粒（段惠萍等，2000）。三裂叶豚草每株最多可结实种子7 562粒，一般每株结种子2 200 ~ 3 000粒（赵文学等，2004）。两种豚草自然扩散主要依靠风力完成，传播方式主要有4种途径：

1. 交通工具传带 　主要依赖于播种材料、饲料、粮食、苗木调运及交通运输工具的携带。普通豚草和三裂叶豚草种子包藏于不开裂的囊状总苞内，以复果形式储藏于土壤种子库中，果皮坚硬、顶端有尖刺，附着力较强，可以随车辆流动从而传播距离较长。同时，种子顶端的尖刺会刺入轮胎或其他物品上，随交通工具扩散。

2. 流水传播 　河边、沟边和路旁是普通豚草与三裂叶豚草主要发生生境之一，普通豚草和三裂叶豚草的果皮海绵质，能在水中漂浮24 h而不下沉，可以从种源地随水流传播到几千米的下游地区，实现较长距离的传播。模拟试验结果显示，普通豚草种子在水中呈漂浮状，漂流距离最远达2 km以上。种源地的位置、沟渠是否畅通、种子成熟落地后是否遇到暴雨天气等因素，影响种子传播距离和规模。

3. 风力传播 　普通豚草和三裂叶豚草的种子小且带有冠毛，千粒重为3.16 g，产量很高，可以借助于风力进行自然传播。

4.动物和人的传带　鸟类喜欢吃豚草属花籽，有人观察一只鸟的嗉子里可有86粒种子（关广清等，1983），家畜吃了混有普通豚草和三裂叶豚草种子的粮食、饲草，便可通过其粪便传播（图2-9）；两种豚草种子顶端有尖刺，可附着在人们的衣服和动物毛皮上，随人和动物的活动扩散到其他地方并萌发形成新的种群；人工割除普通豚草和三裂叶豚草植株时，会将部分没有脱落的成熟种子随植株运输到很远的地方，造成对其他地区的入侵；在种源地取土将种子库中的成熟种子运至远方；农田边的普通豚草和三裂叶豚草种子混入收获的农作物中，随粮食的运输传播到远方。普通豚草和三裂叶豚草的传播途径示意图见图2-10。

图2-9　豚草属植物种子通过动物活动扩散（付卫东摄）

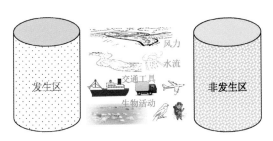

图2-10 豚草属植物传播途径示意图

（三）扩散特点

周业盛等（1992）对我国豚草属植物的扩展走向进行了研究，发现豚草属植物的扩展规律为：线路扩展－区域扩展－群落扩展。

1. 普通豚草 普通豚草最早是在1863年通过农作物种子携带由原产地北美洲传入法国的（Chauvel et al.，2006）。后来，随着船只活动从法国传入西班牙、意大利等沿海口岸，再沿着交通路线由欧洲中心向外扩张。现在普通豚草广泛分布于世界各地，如欧洲的南部、西南部和东部地区（如匈牙利、法国、荷兰、俄罗斯等）以及亚洲、大洋洲等，已经形成了几个传播中心区：法国里昂到意大利北部地区、波罗的海到俄罗斯地区、巴尔干半岛地区、澳大利亚的东南部沿海地区、亚洲的日本、南美洲地区（Fumanal et al.，2007；Bass et al.，2000；Clot et al.，2002）。

从普通豚草的入侵过程来看，普通豚草的传播主要与人类活动有关。1900年以前,欧洲的普通豚草只生长在河边滩地,20世纪20年代中期开始进入农田,30年代随公路、铁路开始大规模地扩散(Lavoie et al.,2007)。另外,鸟类、食草动物以及水流也是种子传播的途径(McFadyen and Weggler-Beaton,2000;Brandes and Nitzsche,2006)。例如,普通豚草在法国南部的快速扩散与种子随河水传播有关(Fumanal et al.,2007),德国普通豚草的点状分布可能与鸟类传播有直接关系(Brandes and Nitzsche,2007)。

普通豚草在国内的扩散,在东北地区以辽宁为中心沿着中长铁路向北蔓延至铁岭、四平、长春,向南至沈阳、本溪、丹东。在长江流域,以武汉、南京等城市形成扩展中心。如南京,向北蔓延至江浦,向南蔓延至句容,向东蔓延至镇江。武汉向上游的宜昌传播了一个飞点(因华中农业大学在宜昌办分校而传过去的)。此外,青岛、合肥、九江、南昌、杭州等地也有分布(黄宝华,1985)。

沈阳农业大学农田杂草研究组于1979年前后进行了调查,普通豚草在辽宁省铁岭地区的铁岭、开原、昌图、西丰等地有局部发生;同时,该杂草研究组与丹东动植物检疫研究所协作调查鸭绿江沿岸的农田杂草,发现丹东市局部地区也有普通豚草零星发生。两年后复查了原发生地，发现普通豚草蔓延扩展很快，沿着公路、小道、沟渠和小河岸向周边地区扩展，对城市、果园、农田进行侵染和包围。有的河堤已整段被普通豚草占领成为优势杂草，对附近的农作物和居民构成了巨大的潜在威胁。铁岭是一个发生中心，而铁岭又是从当地的一个种畜场开始发生的，丹东市最初也是从郊区一个畜牧场开始发生的。沈阳农业大学从铁岭迁回沈阳，在卸车场附近发现了普通豚草，显然是由车辆、包装物、行李、器械等传播的（黄宝华，1982）。

董闻达（1989）对江西区域豚草的传入和扩散路线进行了考评。他认为，江西豚草是20世纪40年代后期（抗战至新中国成立前）从九江口岸侵入，并沿南浔铁路、公路干线迅速传播至江西各地。其根据有：①九江上游的武汉，早在抗日战争期间就发现了普通豚草，随着长江船运传入九江；②九江是重要港口，抗战胜利后，随美国善后救济物资、农林种子、粮食混进来。据九江市郊不少老人反映在新中国成立前1～2年，就发现了与野艾近似的普通豚草，但数量较少，大量发现是在20世纪50年代末至60年代初。所以，九江是江西豚草传播的种源地和中心，主要是沿南浔线铁路、公路经南昌，向东（鹰潭、贵溪）、东北

（景德镇）、西（萍乡）逐步传播。

刘振华（1988）在1984—1987年对吉林省普通豚草的分布进行调查，发现长春的郊区（包括大屯、范家屯）、火车站、客车站、货场、煤场、长春南湖公园和朝阳公园、长春市几家研究所（包括水稻、林业和甜菜研究所）、农安县粮库、公主岭市、四平市均有普通豚草分布，九台市、哈大公路长春至四平段两侧也有普通豚草分布。总体看，入侵吉林省的普通豚草正以中长铁路和哈大公路为中心线向两侧扩展。

董合干等（2017）调查了普通豚草在新疆的入侵情况。2010年，普通豚草入侵新源县则克台镇，主要分布在伊犁钢厂、亚麻厂、218国道之间，而这些工厂跟辽宁、北京等普通豚草物种分布区有长期、频繁的贸易往来，故推测普通豚草的种子以无意引进的方式通过货物运输传入新源县则克台镇。2012年，扩散到那拉提景区门口附近弃荒地，扩散距离超过65 km。2014年，豚草分布区已经越过巩乃斯河，故分布区面积扩大明显，在阿勒玛勒镇等多个乡（镇）开始分布，其分布区依然沿道路点状分布，故推测此时是通过交通、牛羊转场或者巩乃斯河水进行传播的。2016年，普通豚草在新源县10个乡（镇）均有分布，并扩散至尼勒克县木斯乡。所以，普通豚草要沿218国道、新源县745县道和巩乃斯河分布。主要传播方式为人畜活动（车辆、人员往来，牛羊转场等）和流水（巩乃斯河）；局部扩散主要以道路和河流为中心向周围扩散，主要传播方式为山间、田间、路边流水，人畜活动（农牧活动，车辆、人员往来等），地势（种子从高处向低处传播）等。2012年8月，在新疆伊犁河谷发现普通豚草，通过对伊犁河谷进行调查，普通豚草的发生面积约为 $10 hm^2$。

沙伟等（1999）采用水平切片淀粉凝胶电泳测定了东北地区（辽宁沈阳、吉林长春、黑龙江牡丹江）分布的不同生态环境（垃圾场空地、公园、路边空地、湿地、林缘、河岸水边）条件下7个普通豚草种群的遗传结构，统计分析了10个酶系统的12个位点。结果表明，普通豚草种群内存在着丰富的遗传变异。多态位点百分率为81.32%，等位基因平均数为1.816，期望杂合度为0.377，遗传一致度和遗传距离为0.941和0.044。

邓旭（2011）利用ISSR技术研究了普通豚草在湖南的5个居群[长沙市芙蓉区东岸乡（DA）、长沙市湖南农业大学校园（ND）、临湘市长安街道办事处飞跃村（LX）、永州市零陵区阳明大道（LL）、江永县允山镇（JY）]的遗传多样性水平和遗传结构。结果显示，用6条引物对5个居群75个样品进行扩增，共得到29条清晰的扩增条带，其中25个位点为多态性位点；在物种水平上，多态位点百分率为86.21%，Shannon信息指数为0.312 5，Nei指数为0.254 5，表明普通豚草在物种水平上有较高的遗传多样性；种群基因分化系数为0.296 1，居群间的遗传变异占总变异的29.61%，有70.39%的变异发生于居群内。

黄久香（2012）研究了广东普通豚草居群的遗传分化，采集了广州市花都区（HD）、清远市佛冈县（FG）、潮州市潮安县（CZ）、韶关市区（SG）、韶关乳源瑶族自治县（RY）和仁化县（RH）6个普通豚草居群植物样本，应用ISSR技术从6个普通豚草居群182个样品中扩增出186个位点。结果表明，多态性位点比率为98.92%，平均有效等位基因数（Ne）为1.422 9，各居群的Nei's 基因多样性指数的变化范围为0.219 2 ~ 0.248 5，平均为0.237 9，物种水平为0.354 0。Nei's遗传多样性指数的排列顺序为SG＞CZ＞FG＞HD＞RH＞RY。各居群的Shannon信息指数的变化范围为0.322 3 ~ 0.365 0，平均为0.347 4，物种水平为0.523 8。6个居群间的遗传分化系数GST为0.326 3，即67.37%的遗传变异发生在居群内，32.63%的遗传变异发生在居群间，反映出广东普通豚草居群间的分化程度高，大部分遗传变异存在于居群内，小部分变异存在于居群间。由GST所估算的基因流Nm为1.032 5，表明群体间有一定的基因交流，群体间遗传分化极大。6个普通豚草居群的平均遗传相似性系数为0.818 7，平均遗传距离为0.200 5。普通豚草居群间的遗传一致度高，6个居群均在0.776 9以上，各居群的遗传结构相似性较高。CZ与RY的遗传距离最小，为0.153 3；RH与HD的遗传距离最大，为0.252 5（表2-2）。从UPGMA聚类分析结果（图2-11）可以看出，HD与其他居群遗传距离相对较远，明显与其他居群分离独立为一类群；CZ与RY的遗传距离最小，最先聚在一起，RH和SG聚为另一小分支，然后两类聚在一起再与FG聚在一起。经Mantel检验，Nei's 遗传距离与地理距离之间不存在显著的相关性（$r=-0.002\ 5$，$p=0.368\ 0$）。

表2-2　ISSR标记的6个普通豚草居群的遗传一致度
（上三角）和遗传距离（下三角）

居群	CZ	FG	HD	RY	RH	SG
GZ		0.830 4	0.788 4	0.857 9	0.845 8	0.823 9
FG	0.185 8		0.815 5	0.821 6	0.798 3	0.823 7
HD	0.237 7	0.204 0		0.792 2	0.776 9	0.795 4
RY	0.153 3	0.196 5	0.232 9		0.835 8	0.835 9
RH	0.167 7	0.236 6	0.252 5	0.179 3		0.848 0
SG	0.193 7	0.193 9	0.228 9	0.179 2	0.164 9	

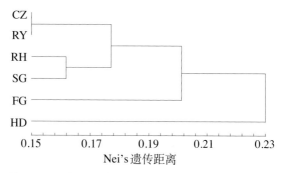

图 2-11　基于 Nei's 遗传距离的 6 个普通豚草居群 UPGMA 聚类
（黄久香等，2012）

2. 三裂叶豚草　我国最早于 20 世纪 50 年代在辽宁沈阳出现三裂叶豚草，并以铁岭、沈阳和丹东为中心迅速扩展蔓延（关广清等，1983）。1984 年调查时发现，三裂叶豚草已遍布辽宁丹东、抚顺、沈阳、铁岭、本溪和大连，以及北京的海淀、通州、昌平、朝阳、丰台和天津等地区（万方浩等，1994）。2000 年在山东济南发现三裂叶豚草（赵文学等，2004），2001 年在吉林通榆向海发现三裂叶豚草（初敬华，2001），2004年在上海和浙江浦江发现三裂叶豚草，2007 年江西婺源发现三裂叶豚草，同年四川自贡发现三裂叶豚草（周小刚等，2009），2010 年新疆新源县发现三裂叶豚草（董合干等，2017）。

李建东等（2006）在开阔地、河堤、林地 3 种生境下对三裂叶豚草种群的空间分布进行了研究，调查结果显示：①三裂叶豚草在开阔地、河堤、林地3种生境条件下均为聚集分布，但聚集强度不同，开阔地＞河堤＞林地。植物种群空间分布与该物种的生长习性和亲代的散布习性密切相关，其中营养繁殖、种子的质量和传播力是影响种群的重要因素。三裂叶豚草依靠种子散落进行繁殖传播，种子质量较大，往往散落在母体周围，形成以母体为中心的聚集分布。聚集分布可以使种群在某一斑块上形成优势，有利于维持种群的健康和对物理环境的适应，促进个体间的传粉和基因交流，从而有利于种群的世代延续，使种群在种间竞争中更容易成功。故聚集分布可能增加三裂叶豚草种群成功定居的机会，并加速种群的扩散和暴发。②种群的生物学特性与生境条件相互作用使不同生境条件下的种群分布格局存在差异。随着生境光照强度的减弱，开阔地、河堤、林地的三裂叶豚草种群的聚集强度降低，种群分布的随机性增强。三裂叶豚草是一种短日照、喜光植物，生长和繁殖对光强和光质的要求比较敏感，最适宜的光强为全光照的70%以上，但只要光强达到全光照的30%，即可生长繁殖。开阔地少乔木和灌木，光照充足且相对均匀，聚集分布的强度随着种群密度的增大而增强。河堤环境的光照强度下降，光照较弱使种内竞争增强，平均拥挤度降低，故与开阔地相比,河堤种群的聚集强度明显降低。林地的郁闭度显著增大,光照强度较弱,抑制了三裂叶豚草的生长和繁殖,种群只能分布在光照相对较强的林隙处,环境的异质性可能是导致种群聚集分布的主要原因,而林隙分布的随机性和种内竞争的增加,可能导致了林地种群聚集分布的随机性增强,种群对奈曼分布也有较高的拟合性。

刘振华(1988)在1984—1987年对吉林省三裂叶豚草的分布进行调查,发现长春南湖公园和朝阳公园、长春市几家研究所(包括水稻研究所、林业研究所和甜菜研究所)、农安县粮库、九台市、哈大公路长春至四平段两侧有三裂叶豚草分布,出现上升趋势,并且已经以中长铁路和哈大公路为中心线向四周扩展,密度逐年加大。

通过对辽宁省三裂叶豚草分布进行调查,除阜新市外全省均有分布(万忠成等,2006)。据2010年辽宁省第二次湿地资源调查显示:目前入侵辽宁地区的河流湿地生境的豚草属杂草以三裂叶豚草为主,多为混生状态;分布趋势上在铁岭-沈阳-本溪-丹东一线最为严重;主要生长在河流湿地沿岸,部分人工湿地如水库周边也有成片生长;在入侵地形成优势群落,急剧降低生物多样性(杨占,2016)。

沙伟等（2000）采用水平切片淀粉凝胶电泳测定了东北地区（辽宁沈阳、抚顺和吉林长春）分布的不同生态环境（河岸水边、路边林下、农田、公园、路边空地）条件下7个三裂叶豚草种群的遗传结构。统计分析了10个酶系统的10个位点。结果表明，三裂叶豚草种群内存在着丰富的遗传变异。多态位点百分率为80.00%，等位基因平均数为1.80，期望杂合度为0.375，遗传一致度和遗传距离为0.959和0.042。

王学治等（2013）于2011年秋，在辽河沿岸选取了7个三裂叶豚草种群，测量其果实千粒重、正面投影的面积、周长、刺长、刺数和长宽比。采用Euclidean距离平方法聚类分析其果实多样性。结果表明，果实长宽比与刺数能反映三裂叶豚草的果实多样性，其果实形状和地理位置有关。由此可推断，辽河保护区三裂叶豚草种群的发生、传播与道路运输密切相关。

第三节　入侵风险评估

黄宝华（1985）通过调查及文献查阅，认为从北纬55°以南至南纬30°以北的广阔地域内都有普通豚草的踪迹；三裂叶豚草的北界可达北纬60°。从我国的情况来看，普通豚草在我国辽宁省局部地区和长江中下游局部地区生长都很繁茂，在河滩、堤岸、道旁、山野成片生长，最密集处为660株/m²；三裂叶豚草主要分布在东北地区，在浙江杭州采到过标本。

根据我国风险评估（PRA）程序和研究人员创建的PRA定量分析方法，结合豚草属植物的特点，参考IPPC的PRA准则，郭琼霞等（2013）从豚草属植物起源分布与种类、风险分析的途径、程序、地理和管理标准，及其定殖可能性、扩散可能性的分析、潜在的经济重要性分析等风险分析标准，探讨了豚草属植物的风险分析方法，并提出了豚草属植物风险管理的备选方案。刘景苗（2005）应用多指标综合评价方法，建立了豚草属植物的PRA指标体系，从5个一级指标（国内分布情况、潜在的危险、受害对象的经济重要性、定殖的可能性、风险管理制度）14个二级指标对豚草属植物在我国的入侵风险进行了评估。评估结果显示：豚草属植物各个种总体风险值（R）的差别是明显的，多数$R < 1.28$，也有的风险值（R）高达2.30，这说明不同豚草属植物种类的危害性差别很大；总体风险值大于2的豚草属植物有普通豚草、三裂叶豚草和多年生豚草，普通豚草R为2.30，三裂叶豚草R为2.11，多年生豚草R为2.09，建议将此3种豚草属植物

列为禁止输入的危险性有害生物。

魏守辉等（2006）通过对三裂叶豚草的生物学、生态学特性等方面进行研究，建立三裂叶豚草PRA评价指标体系，从7个一级指标（国内外重视程度、入境重要性、地理分布、潜在危险性、经济和生态影响、检验检测难度、控制处理难度）18个二级指标对三裂叶豚草的风险进行评估，风险值（R）为83，属高度危险的检疫性有害生物。杨再华等（2017）采用植物检疫措施实施标准中的有害生物风险分析方法，从区域内分布情况、传播和扩散的可能性、潜在危害性、受害对象的重要性、危险性管理难度5个方面对三裂叶豚草在贵州省的风险进行定性和定量分析，贵州省三裂叶豚草R为2.22，属于高度危险的有害生物。

根据我国的气候区划特征和豚草属植物的适生特性，较适合于普通豚草生长地区的特点是（表2-3）：有充足或一定的雨量（湿润或半湿润），较长的日照长度和强度，海拔少于1 000 m，有2个月左右气温低于6℃，满足美洲豚草的低温休眠作用。纬度在30°～45°之间。符合这一个要求的是中亚热带湿润大区（1月和2月平均温度≤6℃，雨量充足）、北亚热带湿润大区（1月、2月和12月3个月的气温≤6℃，雨量充足)、暖温带亚湿润大区(11月至翌年3月气温≤6℃,但是,4月气温回升快,7月、8月日照长,雨量充足)。符合这一要求的区域有:福建的三明、南平、龙岩和宁德的西北部,广东的韶关北部,广西的桂林北部,贵州的都匀到遵义一线以东,四川的宜宾、雅安、广元一线以东地区,甘肃的武都、天水和庆阳东部地区,河北的张家口以东,辽宁的朝阳、阜新、沈阳一线东南部,包括了江西、陕西、山西、河南、北京、天津、湖南、江苏、安徽、浙江、上海、山东、湖北、重庆。这些地区都是美洲豚草的较适合生长地区(刘景苗,2005;郭琼霞等,2013)。

表2-3 普通豚草和三裂叶豚草生活习性特点

项目	普通豚草	三裂叶豚草
最适纬度	北纬25°~40°	北纬30°~40°
最适海拔(m)	<1 000	<800
休眠期最适温度(℃)	<6(6周)	<5(8周)
营养生长最适温度(℃)	12~24	12~24
最适生长环境	林地、荒地、潮湿地	肥沃地、潮湿地
降水情况	降水较多	降水较多
种子最适温度(℃)	8~12	7~12
最适宜pH	5.5~7.5	6~8

根据我国的气候区划特征和三裂叶豚草的适生特性,适合于三裂叶豚草生长地区的气候特点是

（表2-3）：纬度为北纬30°～40°且气温低于5℃的地区
（时间持续2个月左右），满足三裂叶豚草的低温休眠
习性。符合这一要求的地区有中亚热带湿润大区（雨
量充足）、北亚热带湿润大区（1月、2月和12月的气
温≤5℃，雨量充足）、暖温带亚湿润大区（11月至翌
年3月的气温≤5℃）、中温带湿润大区[11月至翌年3
月的气温≤5℃，4月气温迅速回升（大于8℃），7月、
8月日照长，雨量较充足]。具体来说，四川和重庆北
部沿省界一线，湖北宜昌以北地区，湖南益阳以北地
区，浙江北半部，甘肃的武都、天水和庆阳东部地区，
河北的张家口以东，辽宁的朝阳、阜新、沈阳东南部，
以及陕西、山西、河南、北京、天津、江苏、安徽、
上海、山东、吉林和黑龙江省东部低洼多雨地区，是
三裂叶豚草的适生区。其中，辽宁、吉林和黑龙江东
部，长白山山脉西边以及黑龙江省牡丹江市以南的多
洼地，地势低，属雨量充足的中温带湿润地区，是三
裂叶豚草的最佳生长区（刘景苗，2005；黄可辉等，
2006）。

　　张颖（2011）应用MaxEnt模型，对来自北美洲的
菊科入侵物种的潜在适生区进行了分析。结果显示，
国内豚草属植物的潜在适生区纬度跨度非常广，北至
东北三省，南到我国南部沿海两广地区，甚至海南岛，

基本都有潜在适生区分布。

陈浩等（2007）在信息理论的框架下建立了一种改进的加权平均逻辑（logistic）回归模型，并利用遥感和GIS的方法分析豚草属植物在国内相对适生区。结果表明，豚草属植物在中国的潜在分布除了已知的发现豚草记录的区域以外，四川盆地、新疆的部分地区、南方的一些省份（如贵州、广西、广东和海南）都是豚草最适应生长的地区。

柳晓燕等（2016）利用最大熵模型（MaxEnt）与地理信息系统（Arc GIS）软件相结合模拟普通豚草在中国的潜在适生区。预测结果表明，普通豚草在中国的适生区面积为 $2.31 \times 10^6 km^2$，占全国陆地总面积的24.10%。其中，高适生区为 $5.19 \times 10^5 km^2$，占全国陆地总面积的5.41%；中适生区为 $8.63 \times 10^5 km^2$，占全国陆地总面积的8.99%；低适生区为 $9.31 \times 10^5 km^2$，占全国陆地总面积的9.70%。结合普通豚草实际发生状况和MaxEnt模拟结果，普通豚草适生区主要位于北纬19°～46°、东经106°～133°的中国东部地区，包括东北三省（辽宁、吉林、黑龙江东部）、华北地区（北京、天津北部、河北中南部）、华东地区（山东、江苏、浙江、安徽、江西、福建、台湾西北部和上海）、华中地区（河南、湖北、湖南）、华南地区

（广东、广西、海南北部、香港和澳门）、西南部分地区（重庆、贵州东部、云南零星地区）以及西北少数地区（陕西南部、新疆吐鲁番地区）。其中，普通豚草高适生区（适生值＞0.5）主要包括辽宁东部（沈阳、铁岭、抚顺）、安徽中部（合肥、巢湖、安庆、芜湖）、江苏南京地区、浙江杭州地区、湖北东部（孝感、武汉、黄石）、湖南东部、江西及两广中部地区，且在中国形成了沈阳-铁岭、南京-九江-武汉-南昌、长沙、南宁-梧州-清远等多个入侵高风险地区。

邵云玲等（2017）利用 MaxEnt 与 Arc GIS，结合普通豚草地理分布数据及19个环境因子，对普通豚草在我国东北地区的潜在分布和适生等级进行预测。普通豚草在东北地区的高度适生区主要分布在辽河平原和辽东半岛沿海地区，大致呈现以辽河平原腹地为中心，其适生等级向外辐射状递减趋势分布。高度适生区主要包括辽宁省的阜新市、锦州市、盘锦市、鞍山市、沈阳市、大连市、铁岭市、丹东市；中度适生区主要包括黑龙江省的同江市、富锦市、双鸭山市、虎林市、密山市，吉林省的松原市、长春市、四平市、辽源市、通化市，辽宁省的朝阳市、葫芦岛市、抚顺市、本溪市、辽阳市，内蒙古自治区的通辽市；低度适生区主要分布在黑龙江省的大庆市、齐齐哈尔市，吉林省的白城市，内蒙古自治区的赤峰市、兴安盟部分地区；非适生区主要位于黑龙江省的黑河市、伊春市及内蒙古自治区的兴安盟部分地区、呼伦贝尔市、大兴安岭地区。根据普通豚草适生系数，确定赤峰-阿荣旗-伊春-黑河一线为普通豚草扩散风险的分界线。

第四节 危　　害

普通豚草和三裂叶豚草植株高大，适于在各种不同的环境中生长，特别是在近期内受过人为干扰的地带，最易形成单一优势群落。在缺乏自然天敌控制时，极易导致"生态暴发"。其根本原因在于豚草属植物具有较强的生态可塑性和较强的生命活力，可以适应各种生态环境。

一、对农业的危害

豚草属植物入侵到农田，对农作物生产造成极大的影响，导致粮食作物减产，增加农业生产成本，造成巨大的经济损失。

1.由于豚草属植物具有强大的根系和巨大的地上营养体，吸水吸肥能力和再生能力极强，种子在土壤中可保持生命力4～5年，一旦发生，难于防除。入侵玉米、大豆、高粱、小麦、麻类等各种农田后与农作物争夺水分和养分（图2-12）。豚草属植物的吸水和蒸腾能力特别强，从土壤中拔出后15～20 s就萎蔫，它形成1 g干物质需要消耗948 g水，其耗水量和吸收土壤营养分别是禾谷类作物的 2 倍和 1.5 倍，易造成土壤干旱贫瘠；豚草属植物吸肥能力也很强，形成1 000 kg干物质可从土壤中吸取14.5 kg氮和1.5 kg 五氧化二磷；同时，由于植株高大遮挡阳光，会严重影响作物生长（关广清等，1983；万方浩等，1990；梁维敏，2010；刘玉春，2012）。

2.普通豚草和三裂叶豚草入侵农田后，能通过挥发、雨水淋溶和根系分泌等途径，向周围环境中释放

图2-12　入侵小麦地和玉米地（付卫东摄）

多种化感物质（包括一些萜类、烯醇类和聚乙炔类等化合物，如α-蒎烯、β-蒎烯、2-冰片烯等），对周围植物的种子萌发和幼苗生长产生抑制作用，显著影响作物生长高度、茎粗、抽穗率、分枝和造成作物减产，甚至颗粒无收。豚草属植物密度越大对作物危害越大。研究发现，当普通豚草密度为59株/m²和257株/m²时，茄子植株高度与CK相比，分别下降1%～30%，单株分枝分别下降11%和100%；当普通豚草密度为52株/m²和169株/m²时，与CK相比，玉米植株高度分别下降11%～20%，茎粗下降9%～35%，玉米单株抽穗率下降0～100%，穗型明显小于CK，单株鲜重下降1%～57%；普通豚草密度对玉米鲜重影响显著，如表2-4所示（段惠萍等，2000）。当普通豚草密度为59株/m²和257株/m²时，茄子单株产量分别下降25%和100%。据苏联报道，当豚草属植株密度达10～15株/m²时，青贮玉米的产量下降30%～45%；当密度为50～100株/m²时，可导致颗粒无收（万方浩等，1993）。在大豆田中，每行每米平均有1.6株三裂叶豚草时，大豆产量减少12%（胡冀宁等，2007）。当普通豚草密度为1株/m²时，对花生产量影响不显著；当种群密度增加到4株/m²，花生产量显著下降，减产23.95%；当密度增加到32株/m²时，花生减产超过60%，显著降低花生的产量（田兴山等，2012）。豚草属植物入侵后，可降低中耕作物产量300 ～ 500 kg/hm^2，向日葵种子产量只有600 ～ 700 kg/hm^2，而玉米甚至不形成雌穗；在美国东北部的康涅狄格河流域，普通豚草在69%的玉米田、50%的马铃薯田、24%的洋葱田和18%的燕草田里出现（黄宝华，1985）。

表2-4 普通豚草对作物生育的影响（段惠萍等，2000）

项目	处理	植株高度（cm）					抽穗率（%）	单株鲜重量（kg）	作物茎粗（cm）
		5-19	6-2	6-15	6-29	7-15			
1	玉米1	21.5	48	97.5	142.5	209	100	3.3	2.03
	52株/m^2	8.9	10.5	20.1	45	50.8		0.34	
2	玉米2	20	45.3	85.3	93.3	189	0	1.45	1.45
	169株/m^2	10.8	20.5	63.4	85.6	155		0.25	
CK	玉米CK	20	48.8	95.8	150.8	235	100	3.35	2.22
增减率（±%）	（玉米1-CK）/CK	8	-2	2	-6	-11	0	-1	-9
	（玉米2-CK）/CK	0	-7	-11	-38	-20	-100	-57	-35

项目	处理	植株高度（cm）					单株分枝数	单株产量（%）
		5-19	6-2	6-15	6-29	7-15		
1	茄子1	17.3	21.5	41.5	62		5.8	75
	59株/m^2	5.5	19.3	50.2	92	138.8		
2	茄子2	16.5	28	36	44		0	0
	257株/m^2	9	35	78.2	92.5	126.7		
CK	茄子	18	22.8	39.8	62.5	62.5	6.5	100

（续）

项目	处理	植株高度（cm）					单株分枝数	单株产量（%）
		5—19	6—2	6—15	6—29	7—15		
增减率（±%）	（茄子1-CK）/CK	−4	−6	4	−1		−11	−25
	（茄子2-CK）/CK	−8	23	−10	−30		100	−100

3.**传播病虫害**　豚草属植物是很多病虫害的寄主。豚草属植物的花和全株可感染甘蓝菌核病，并作为中间寄主感染甘蓝，在实验室观察到甘蓝菌核菌的子囊孢子可感染豚草花和果实，将这些染病组织接触甘蓝时，甘蓝叶染病；豚草属植物花粉还可单独成为菌核病的生长基质，但只在大量存在时才能引起甘蓝叶染病。豚草属植物还可作为中间寄主感染甘蓝和向日葵，使甘蓝得菌核病、向日葵得叶斑病，同时还是一些大豆、蔬菜害虫的寄主。

二、对畜牧业的危害

豚草属植株的营养价值低，而且含苦味物质和香精油，大多数牲畜拒食。如豚草属植物混杂在牧草里，被畜禽食后，会降低肉蛋奶的质量，同时影响人类身体健康。奶牛偶尔食用后，会减少产奶量，同时产出的牛奶会有异味，影响牛奶品质。

三、对人的危害

1974年，Stanley（1974）提出了"致敏花粉是重要的空气污染物之一"的观点。1981年，美国耶鲁大学著名森林学家Smith在其著作中也提到了这一观点。廖凤林（1992）提出了"致敏花粉含量达到一定程度，以至于危害人体健康，使人群中花粉症发病率达0.05%或以上的空气状况，称之为花粉污染"的概念。

豚草属植物花粉可对人体健康造成直接威胁。1872年，美国的M.Wyman证实了在美国发生的大量秋季花粉症（枯草热）主要是豚草属植物花粉引起的。据估计，在美国东北部每250 hm² 豚草丛生的土地上，每一授粉季节产生的花粉可达16 t重，每一株豚草可以产生上亿的花粉粒。还有人估计，美国豚草属植物花粉的年产量大约是100万t。美国每年有枯草热病人约1 460万人，人群发病率为2%～10%，治疗费用达6亿美元左右。加拿大每年有枯草热病人约80万人。在日本大阪地区，每到秋天豚草属植物花粉症流行时，大批居民离家外出逃避。所以，日本把普通豚草和三裂叶豚草列为花粉公害杂草（黄宝华，1985；

梁维敏，2010）。

在我国的豚草属植物发生地区如辽宁沈阳、湖北武汉、江苏南京等地发现了大量秋季花粉症病人，人体健康受到了豚草属花粉的直接威胁。豚草属花粉中含有水溶性蛋白，与人接触可迅速释放，引起过敏性变态反应。发病症状主要为眼、耳、鼻奇痒，阵发性喷嚏、流眼泪及大量清水样或黏性鼻涕，头痛、疲劳不堪，一部分人出现胸闷、憋气、咳嗽、哮喘、呼吸困难，有的表现为皮炎、荨麻疹、湿疹等症状。这些病人每年呈季节性发作，病情逐年加重。由于年久失治，部分病人并发肺气肿、肺心病，痛苦万状，甚至可导致死亡。豚草属花粉的致敏成分据研究至少有5种，即抗原E（AGE）、抗原k、抗原R_3、抗原R_4和抗原R_5，其中AGE的抗原效价最高，90%的豚草过敏患者对之有反应。豚草属花粉可随空气漂浮到600 km以外的地方和离地4 km的高空。因此，可对豚草属植物发生地区附近造成花粉空气污染，直接危害人体健康（黄宝华，1985；梁维敏，2010）。

张文钦等从1986年4月1日至翌年3月31日采用Dueham重量玻片法对江苏南京地区的花粉粒进行了调查，发现空气终年都有花粉粒分布，4～5月和8～9月是花粉播散的高峰期。4～5月主要是木本植物的花粉粒，8～9月主要是草本植物花粉粒，如豚草属、蒿属等。采集法国梧桐、艾叶、豚草属等花粉制备成花粉提取液，对590例支气管哮喘病人做皮内试验。结果发现，豚草属花粉对哮喘病人的皮试结果阳性率最高，达61.2%。对122例哮喘病人和42例正常人进行碱细胞组胺释放试验。结果显示，哮喘病人的阳性数为84例（68.9%），而正常人仅2例为阳性（4.8%），两组有显著性差异（$P<0.001$）。通过对40例（缓解期）每年于8～9月发病的哮喘病人进行气管吸入激发试验，阳性者24例，阳性率为60%。以上试验综合证明，豚草属花粉是南京地区致哮喘的重要过敏原（张文钦等，1989）。

张金谈等1985年4月1日至1986年3月31日通过对湖北武汉地区空气中花粉进行调查，发现植物花粉的出现时间与它们的开花期是一致的。豚草属花粉属于数量多、出现时间较长的花粉，始现于5月，至8月下旬达到高峰（1 542粒），日后渐降至翌年1月，其花粉在空气中延续达9个月之久（张金谈等，1988）。

四、对生态环境的影响

豚草属植物的生命力旺盛，竞争力强，生态可塑性大，定殖后向四周扩散迅速，能迅速压倒其他一年生植物，相邻植物生存受到抑制，可以称为"植物杀手"。豚草属植物入侵后，通过释放酚酸类、聚乙炔等有害化感物质，抑制和排斥禾本科、菊科等其他一年生草本植物，挤占其他物种的生存空间，使其他物种逐渐减少灭绝，造成单一物种群落，破坏环境生物多样性，危害环境的生态平衡。新疆新源野苹果林、野杏林是亚洲最大的野果林，也是我国非常重要的种质资源库。目前，三裂叶豚草和普通豚草已经入侵了新源野果林，局部地区已经成为优势物种，构成了巨大危害（董合干等，2017）。

（一）普通豚草

研究人员采用同一样地两次重复随机样点法，对普通豚草入侵林地进行了植物群落结构和多样性的调查研究。研究结果表明，7月普通豚草入侵地植物群落是以普通豚草为优势类群的单调群落，物种分布不均匀，多样性指数低；9月普通豚草数量减少，群落结构由单一的一年生草本植物为优势的群落过渡到以多年生草本植物为优势的群落，群落多样性指数增加，两个时间段内植物群落之间存在显著性差异

（$P=0.01<0.05$，$df=14$）（$P=0.047<0.05$，$df=14$），表明普通豚草的生长抑制了其他植物的生长，使植物群落物种多样性降低（黄红英等，2010）。

邓旭等（2010）采用样方法调查了湖南6个普通豚草入侵样地中4～10月杂草的种类和数量，分析了各样地的物种丰富度指数、多样性指数和均匀度指数。结果表明，6个样地共采得杂草植物83种，其中常见物种有41种，隶属19科，以菊科、蓼科和禾本科最多。普通豚草入侵造成6种生境的物种丰富度指数、Simpson多样性指数和Shannon-Weiner多样性指数下降显著或极显著，均匀度指数变化小。普通豚草入侵群落在不同季节的物种丰富度指数变化小，多样性指数和均匀度指数在春夏季上升，群落集中性高。表明普通豚草的入侵对本地杂草群落的生物多样性有不利影响。

为探讨入侵植物与本地植物竞争是否存在一定的规律性，贾月月等（2015）研究了黄顶菊、三叶鬼针草、普通豚草3种菊科入侵植物与本地不同植物（狗尾草、藜、草木樨）的竞争，对土壤酶活性和土壤养分的影响。结果显示：①3种入侵植物对可利用氮的利用能力显著高于本地植物，且三叶鬼针草、普通豚草单独种植对氮素的利用能力要强于黄顶菊；3种入侵植物所需速效钾的含量较低。②入侵植物对土壤生态的影响还与入侵域本地植物种类密切相关：3种入侵植物与狗尾草的竞争过程中脲酶活性显著升高，入侵植物利用铵态氮的能力要强于硝态氮；3种入侵植物与藜竞争，入侵植物利用硝态氮的能力要强于铵态氮，有机碳含量呈上升趋势；3种入侵植物与草木樨竞争，速效钾含量显著升高。黄顶菊、三叶鬼针草、普通豚草入侵可以改变土壤养分和土壤酶活性，创造对自身生长有利的土壤环境，并借此增强其竞争能力。

　　研究人员研究了黄顶菊、普通豚草和三叶鬼针草入侵对土壤AM（丛枝菌根）真菌多样性的影响，及其对3种入侵菊科植物与狗尾草竞争生长的影响。结果表明：①3种菊科植物的入侵显著增加了AM真菌的物种丰度和Shannon-Weiner指数，入侵植物形成单一优势群落后，黄顶菊、普通豚草和三叶鬼针草根际土壤中AM真菌的物种丰度相和Shannon-Weiner指数都有所降低。随着3种植物的入侵，土壤中AM真菌优势种也发生变化，本地植物狗尾草土壤中AM真菌的优势种孢子密度降低。随着入侵程度的加剧，*Glomus perpusillum*、*Glomusiranicum*、*Glomus iranicum* 分别成为黄顶菊、普通豚草和三叶鬼针草新的优势种。②通过AM真菌对3种入侵菊科植物的反馈试验，发现AM真菌能够降低共生对黄顶菊的抑制作用，同时增加与狗尾草竞争生长的黄顶菊植株N、P含量和叶片的光合养分利用率，降低叶片中丙二醛含量，增加了SOD(超氧化物歧化酶)、CAT(过氧化氢酶)和APX(抗坏血酸过氧化物酶)的活性。AM真菌增加了共生对普通豚草和三叶鬼针草的促进作用，增加了竞争生长中两种入侵植物的N、P含量，叶片的光合养分利用率，同时降低了丙二醛含量，增加了APX的活性。总之，AM真菌能在一定程度上增加3种入侵菊科植物的竞争能力。

贾伟（2010）以辽宁、江苏两处普通豚草种群为对象，研究了普通豚草入侵对土壤根际微生物的影响。研究结果表明：①普通豚草的入侵降低了土壤的pH，同时提高了土壤的有机碳含量。辽宁和江苏重度入侵土壤的pH分别比各自本地植物土壤降低了1.08和1.06；辽宁和江苏重度入侵土壤的有机碳含量为78.30 mg/kg和29.38 mg/kg，辽宁和江苏普通豚草重度入侵土壤的有机碳含量分别比各自本地植物土壤提高了10.8%和25.3%。②辽宁和江苏普通豚草重度入侵土壤总氮量分别比各自本地植物土壤提高了88.1%和16.2%，总磷和总钾含量变化随普通豚草的入侵含量变化不大。③普通豚草的入侵降低了土壤中真菌和放线菌的数量。但是，辽宁普通豚草的入侵提高了土壤中VAM数量，江苏普通豚草对VAM的影响趋势则相反。江苏重度入侵土壤中真菌量降低了33.8%；辽宁重度入侵土壤中放线菌量降低了20.8%；辽宁重度入侵土壤中VAM量增加了96.7%；江苏重度入侵土壤中VAM量降低了34.1%。随着普通豚草的入侵加重，cy19:0/18:1 ω7 c 比值、真菌/细菌和 G−/G+ 比值均逐渐降低。辽宁重度入侵土壤cy19:0/18:1 ω7 c 比值、江苏重度入侵土壤真菌/细菌和 G−/G+ 分别降低了57.8%、31.5%和27.2%。

黄红英等（2010）采用Tullgren干漏斗法对单一普通豚草植被和多年生植被生境进行不同月份的土壤动物季节变化的研究，观察了解普通豚草不同生长时间段（4月为萌发期，5月为萌芽期，6月为幼苗期，7月为生长旺盛期，8月为开花初期，9月为盛花期，10月为盛果期，11月为凋落期）对地下土壤动物群落结构及多样性的影响。结果表明，随着普通豚草营养生长旺盛，土壤动物类群数和个体数减少，丰富度和均匀度下降，土壤动物的表层聚集性下降导致动物分层不明显，转入繁殖生长后土壤动物的类群数和个体数增加，丰富度和均匀度回升，垂直分布明显；普通豚草不同生长时间段内土壤动物群落组成是不相似的，土壤动物群落结构的差别体现在优势类群个体数和稀有类群数不同，导致豚草不同生长期下土壤动物的群落组成及多样性差别大。说明豚草生长对土壤动物有抑制作用，对优势类群的个体数抑制明显，且是通过抑制优势类群个体数和稀有类群数来实现的，而且营养生长期的抑制作用比繁殖生长期明显。

谢俊芳等（2011）为了解普通豚草入侵对中小型土壤动物活动的影响效应，采用野外样地试验法研究了普通豚草入侵地中小型土壤动物的群落特征。全年4次采样，共获得中小型土壤动物4 174头，隶属于4门11纲26类，其中线虫类为优势类群，蜱螨目和弹尾目是常见类群。分析结果表明，普通豚草入侵改变了中小型土壤动物群落的结构特征，入侵地中小型土壤动物的总个体数以及线虫类、弹尾目动物的个体数显著增加，但中小型土壤动物类群数的变化不明显；在群落的物种多样性方面，普通豚草入侵显著提高了群落的密度-类群指数，物种丰富度、优势度指数也有所上升，但差异不明显，而均匀度、Shannon-Wiener指数则趋于下降；在群落相似性方面，入侵区与其他处理区的差异较小。普通豚草入侵所引起的局部气候环境、凋落物、根系分泌物和土壤理化性质的变化可能是造成中小型土壤动物群落结构特征改变的主要原因。

（二）三裂叶豚草

研究人员分析了三裂叶豚草入侵对生物多样性的

影响。殷萍萍等（2010）于2008年5～6月利用样方法，调查了沈阳东陵公园附近（5个样点）、农田（3个样点）、高速公路附近（4个样点）、桑园（4个样点）和路边（4个样点）5个生境中，三裂叶豚草分布样点杂草的种类和分布情况。调查结果显示，所调查生境分布样点中，共有杂草28科71种，其中以菊科、藜科、蓼科居多。从发生频率＞10%的34种杂草在前2个主成分上的负荷量可以看出，影响三裂叶豚草的主成分因素是人为干扰程度和土壤水分条件，可知三裂叶豚草是喜干扰且适宜生活在土壤水分含量较大的生境内。据此，将分布样点分为3个聚类群。随着人为干扰程度的增强，三裂叶豚草的重要值升高。同时，样方中物种的丰富度随三裂叶豚草重要值的增大而下降。说明在不同生境中，三裂叶豚草的大量滋生降低了生物多样性。

殷萍萍（2010）以环境因素为梯度在研究区内划分4个入侵程度区[重度入侵区（Ⅰ型）（三裂叶豚草为优势种群，盖度大于60%）、轻度入侵区（Ⅱ型）（三裂叶豚草盖度在10%～30%，当地植物盖度在30%～50%）、未入侵区（Ⅲ型）（三裂叶豚草和当地植物有零星幼苗生长，单种植物盖度均小于0.2%，地表植物总盖度小于5%）、当地植物区（Ⅳ型）（无三裂叶豚草分布）]，分别调查样方中杂草的盖度及数量。同时，测量三裂叶豚草的生长状况及土壤养分，进行生物多样性指标和土壤养分变化分析。结果显示：①4个入侵程度区共采得植物83种，样地中出现频率较高或植株数量较多的本地植物包括艾蒿、稗草和扁蓄等30种；三裂叶豚草入侵对本地植物物种丰富度产生影响，但不明显；三裂叶豚草入侵对物种多样性影响很明显，随着三裂叶豚草的入侵，Simpson多样性指数（D）和Shannon-Weiner（H）多样性指数下降显著；而三裂叶豚草的株高和分枝长显著高于三裂叶豚草未入侵地，三裂叶豚草生物量分配指标在不同入侵程度区无显著性差异。②随着三裂叶豚草入侵程度加大，土壤的全氮、全磷、全钾和速效钾含量显著增加，铵态氮和速效磷含量没有显著变化，硝态氮含量则显著降低。

路秀容于2015年对辽宁沈阳（沈阳农业大学后山、东陵监狱旁）、铁岭（江河大桥、柴河观测站）、锦州（高桥）5个三裂叶豚草入侵严重地点进行野外采样调查，采样时间为5月、8月、10月。同时，以三裂叶豚草和共生的本地植物为研究对象，测定植物入侵对土壤线虫群落结构的影响。调查发现，入侵植物和本地植物的株高、植株密度及地上部分生物量在不同的生长季节存在差异。三因子方差分析表明，三裂叶豚草入侵并没有改变入侵地土壤的pH、总氮、总磷和土壤有机质，而对植物地上部分生物量、植株密度有显著影响。在5个实验地点，土壤中线虫属数量均随植物的生长而减少，并且到繁殖生长期时，入侵植物土壤中线虫属的数量（江河大桥和沈阳农业大学后山为19个，高桥为15个）少于本地植物（江河大桥和沈阳农业大学后山为22个，高桥为19个）。整个调查中发现，食细菌线虫 *Chronogater* 属只在入侵植物土壤中发现。总体上看，各食性类群比例在入侵植物与本地植物土壤间差异不显著，而植食性线虫占最大比例（约40%），并且植食性线虫比例在入侵植物土壤中随植物生长呈降低趋势。土壤线虫多样性指数的三因子方差分析结果表明，植物类型对土壤线虫多样性的影响不显著。但是，在不同取样地点的不同生长时期，入侵植物与本地植物土壤线虫 Shannon-Weiner 指数出现显著差异。所以，入侵植物对土壤线虫的影响存在地点和植物生长时期效应。

孙备等（2016）采用土壤接种的植物-土壤反馈研究方法，比较研究三裂叶豚草非入侵区和入侵区土壤接种物对三裂叶豚草和非入侵区由3种本地植物（籽粒苋、黑麦草、反枝苋）构成的人工群落的影响，分析三裂叶豚草对其入侵地土壤微生物反馈作用的影响，探讨三裂叶豚草入侵土壤的反馈机制。研究发现，在单独种植条件下，三裂叶豚草和本地植物对非入侵区和入侵区土壤接种物的响应不同（轮廓分析：$F=76.18$，$P<0.001$），非入侵区土壤接种处理本地植物的生物量较入侵区土壤接种处理高68.12%，而二者对三裂叶豚草生物量影响差异不显著，表明非入侵区土壤接种物调节有利于本地植物生长的正反馈（$Is=8.78$，$P=0.007$）。但在三裂叶豚草与本地植物混种条件下，两种土壤接种处理对本地植物和三裂叶豚草生物量影响的差异均不显著，表明非入侵区土壤接种物在三裂叶豚草混种条件下对本地植物无显著的正反馈作用。无论是三裂叶豚草单独种植还是与本地植物混合种植，构成本地群落的3种植物对不同来源土壤接种物反馈作用的响应趋势均与对本地植物群落总生物量的响应趋势一致。可见，三裂叶豚草非入侵区土壤微生物群落能够调节有利于非入侵区植物生长的正反馈作用，但三裂叶豚草入侵能够削弱非入侵区土壤微生物群落对非入侵区植物的正反馈影响，从而促进自身的入侵过程。

曲波等（2019）初步探究了三裂叶豚草入侵对撂荒农田早春植物群落的影响，比较了三裂叶豚草入侵样地和非入侵样地常见早春本地植物的生态位宽度、生态位重叠指数、物种丰富度及群落生物多样性指数。

结果表明，入侵样地群落组成仍然以葎草、荸荠、藜等1年生杂草为主，未入侵区域则加入了茵陈蒿和鹅肠菜两种多年生植物，说明三裂叶豚草入侵可能会影响弃耕地植物群落的搭配，使其长期处于一种由三裂叶豚草主导的退化状态，抑制了群落的演替；三裂叶豚草入侵样地葎草的重要值和生态位宽度分别为 0.376 0 和 0.964 0，显著高于其余植物。葎草是一种缠绕藤本，三裂叶豚草对其光合作用影响较小，同时葎草会加剧下部冠层中的光限制。所以，葎草在三裂叶豚草入侵过程中有可能不与三裂叶豚草存在竞争关系，同时也间接充当了协助者；荸荠、鹅肠菜、藜和蔊菜生态位宽度分别减少 0.445 6，0.752 6，0.156，1.160 3，入侵样地本地植物生态位重叠系数平均值为 0.647，高于未入侵样地的 0.583，说明三裂叶豚草入侵会显著降低早春植物的生态位宽度，提高本地植物间生态位重叠系数，干扰植物对资源的利用，增强植物间的竞争；入侵样地植物 Pielou 均匀度、Margalef 丰富度指数、Simpson 指数及 Shannon-Wiener 指数均显著低于未入侵样地，说明三裂叶豚草入侵会显著降低早春植物群落的物种多样性。结果表明，入侵种三裂叶豚草对植物群落的消极影响不仅仅局限于生长季与其重叠的植物群落，有可能在生态方面产生更为广泛的消极影响。

第三章
生物学与生态学特性

第一节　生物学特性

一、生活史

三裂叶豚草3月末4月初开始出苗，4月中旬进入出苗盛期，5月末6月初为出苗末期；普通豚草出苗各期比三裂叶豚草晚2～3 d。早期出苗的三裂叶豚草4月10日左右长出第一对真叶，开始营养生长，6月末开始现蕾，进入生殖生长；普通豚草4月14日左右开始营养生长，7月初现蕾；两种豚草盛蕾期均在7月末。三裂叶豚草始花期为7月下旬，普通豚草为7月末8月初，比前者晚7～9 d，但盛花期两者相差无几，开花末期基本一致，三裂叶豚草花期较长，两种豚草大量散粉时间为8月上中旬。果实开始成熟期，三裂叶豚草是8月末，普通豚草是9月初；果实完全成熟期，三裂叶豚草为10月中下旬，普通豚草为10月上旬。三裂叶豚草从出苗到一对真叶出现平均6 d，普通豚草为8 d；一对真叶到现蕾，三裂叶豚草平均为20 d，普通豚草为24 d；开花到果实开始成熟，三裂叶豚草为40 d，普通豚草为35 d；果始熟到全熟时间，三裂叶豚草平均为24 d，普通豚草只有15 d。可见，在开花之前，普通豚草各生育期天数分别比三裂叶豚草多2～4 d；相反，开花之后各生育期，三裂叶豚草分别比普通豚草的天数多5 d和9 d。出苗到果全熟整个生育期，三裂叶豚草为174 d，普通豚草为169 d，后者比前者少5 d。全生育期有效积温二者均在1 400℃上下，普通豚草略低。但出苗到开花期普通豚草高于三裂叶豚草，二者分别为744.5℃和672.6℃；开花到果熟期普通豚草低于三裂叶豚草，二者分别为877.6℃和1 074.5℃（李素德等，1989）。

豚草属植物为短日照植物，在长日照条件下有相当长的营养生长期。关广清（1983）通过对辽宁地区豚草属植物进行调查发现，在沈阳4月中下旬至5月上旬是豚草属植物出苗盛期，种子夏天不发芽，条件良好时秋天有一部分种子发芽，当年的种子在光下也可有少数萌发。4月上中旬出苗的于8月下旬种子成熟，5月上旬出苗的于9月中旬种子成熟，从出苗到现蕾70～80 d，从现蕾到种子成熟30～40 d。晚发芽或割后萌发枝种子10月成熟，一直到冰冻来临。三裂叶豚草的现蕾开花期比普通豚草稍早些。

在北京昌平地区的研究表明，由于生长环境相似，普通豚草和三裂叶豚草两种入侵杂草的生育期和生活周期比较接近。它们成片生长于路旁、河岸边、沟渠埂和垃圾堆处，生活周期均为4～10月，只是普通豚草的营养生长期比三裂叶豚草生长迟缓，两者相差10余天。而从出苗到开花这段时期中，1～2对真叶期至现蕾期的时间最长由4月中旬持续至7月中旬，达近百天之久。从7月下旬开始，两种豚草属植物先后开花，一直延续至9月，开花散粉长达1个多月（邢冬梅，1993）。

伊犁河谷豚草属植物的出苗时间为3月中旬至5月中旬。采集发生地豚草属植物的种子进行种植，观察和比较发现，新源县各乡（镇）出苗时间比伊宁市种植的出苗晚约10 d，具有持续出苗的特点。豚草属植物在伊宁市的营养生长高峰期为5月23日至7月11日。其中，6月13～23日生长最快，平均日增高2.7 cm，7月31日左右基本停止营养生长。新源县的营养生长高峰期为5月30日至7月20日。其中，6月20日至7月

10日生长最快，平均日增高2.5 cm。伊宁市的现蕾时间是6月13日左右，8月上旬为盛花期，9月中旬种子成熟；新源县的现蕾时间是6月23日左右，盛花期是8月中旬，9月底至10月中旬种子成熟，全生育期约为190 d。

（一）普通豚草

董闻达于1987—1988年在南昌江西农业大学试验地对普通豚草的生育期进行调查（表3-1），发现南昌地区普通豚草生长季从3月底春分至清明出苗进入营养生长期，直至5月底、6月上旬，芒种以后即转入生殖生长期，现蕾期大多在芒种至小暑之间，始花期大多在7月上旬（小暑前后），盛花期适值江西的高温伏旱季。普通豚草植株高大，花量多，花期长（2个多月）而不整齐，与结果期交叉，8～9月普通豚草植株总是花果并存的。结果盛期则在9～10月，果熟枯死期大都在11月中下旬。一般出现明霜后，植株枯死，枯株挂籽或落籽越冬（董闻达，1989）。

表3-1　南昌地区普通豚草物候观察表（董闻达，1989）

年份	子叶出土现苗期	营养生长期	现蕾期（雄花序伸出）	始花散粉期	盛花期	末花期	结果期		果熟期	枯死期
							始果期	盛果期		
1987	3-15	3-15～6-3	6-3～6-15	6-15	7-4～9-6	9-10～10-6	7-6	8月下旬	10月中旬	11月中旬
1988	3-22	3-22～6-20	6-24～7-8	7-8	7-14～9-18	9-18～9-30	7-20	9月中旬	10月上中旬	11月上旬

　　刘香梅于1989—1991年，每年在3～10月对山东青岛普通豚草的出苗、分枝、现蕾和籽实成熟等生育阶段及生物学特性进行系统观察。普通豚草的出苗初期为3月中下旬，盛期在4月上旬，末期在4月下旬；植株分枝初期在4月中旬，盛期在5月下旬，末期在6月下旬；现蕾初期在7月上旬，盛期在7月下旬，末期在8月中旬；开花初期在8月上旬，盛期在8月中旬，末期在8月下旬；籽实成熟始期在9月下旬，盛期在10月下旬，末期在11月下旬。一般年份在10月下旬植株大部分枯黄，全生育期120 d（刘香梅等，1995）。

　　段惠萍等于1989—1990年对上海市郊的普通豚草生育期进行调查（表3-2），发现上海市郊的普通豚草在3月上旬出苗，3月下旬始盛，5月30日左右齐苗，最迟到6月中旬，出苗期长达3个月，下部8对叶片对生，上部为互生，全株最多有叶片32对。长到6～8对叶时，叶腋中逐级长出一级分枝16～18个，平均17个。每一级分枝上产生二级分枝4～17个，全株可有二级分枝170个。7月上旬始花，花期可延至9月底，长达一个多月，花粉致病危险期长。每分枝（一、二级）有1～8个雌花序，每花序有花80～190朵。单株平均结籽2万～3万粒，最高可达12万粒。成株高50～150 cm，最高达250 cm。普通豚草在上海的生育期见表3-2（段惠萍等，2000）。

表3-2　普通豚草在上海的生育期（月－日）（段惠萍等，2000）

年份	见苗	始盛	齐苗	落苗	1级分枝	2级分枝	始蕾	始花	始结籽
1989	3-15	3-30	6-5	6-20	6-5	7-15	7-25	8-6	8-30
1990	3-10	3-20	5-30	6-15	5-24	7-10	7-5	7-20	8-27
通常	3-10 ±10	3-10 ±25	5-10 ±30	6-10 ±20	5-10 ±24	7-10 ±10	7-15 ±10	7-10 ±30	8-20 ±30

　　研究人员对浙江余姚普通豚草的生育期进行了定点观察，发现种子每年3月20日前后萌发，4月10日植株高度为3～11 cm，5月中旬后，在叶腋间产生侧枝，每侧枝叶片为8～10片，目前还未发现侧枝再产生第三档枝的现象。一般一株生长较好的普通豚草可生出12档以上的侧枝。6月20日初见普通豚草雄花抽穗，6月25日有黄色花粉出现，但此时由于雌花尚未产生，花粉属无效花粉。越是生长不良的植株，雄花枝抽得越早，尤其是无侧枝产生的矮小个体。而大多数生长良好的个体，在8月中下旬雄花开花，9月上旬开始结籽，9月下旬至10月上旬为结籽盛期并一直持续到11月。普通豚草在浙江的生长发育情况见表3-3（陈永亭等，2006）。

表3-3 普通豚草在浙江的生长发育情况（陈永亭等，2006）

时间（月－日）	平均株高（cm）	平均日长高（cm）	备注	时间（月－日）	平均株高（cm）	平均日长高（cm）	备注
12-23	—	—	播种	6-05	91.6	2.3	
1-7	—	—	出苗	6-16	110.2	1.7	
3-24	5.8	—		6-24	121.6	1.0	现蕾
4-15	10.2	0.2		7-28	164.8	1.3	始花
4-21	18.8	1.4		8-23	—	—	盛花
5-3	33.6	1.2		9-18	—	—	盛花
5-12	43.8	1.1		10-20	—	—	终花
5-25	66.0	1.7		11-16	—	—	始枯

有研究调查发现，普通豚草在广东有2个出苗高峰期：①春季3～4月，雨水充足，温度适宜，发生地普通豚草大量出苗，生长迅速；②秋冬季11～12月，种子成熟落地，遇湿润的土壤环境则陆续出苗，可越冬生长，但生长速度较慢。翌年4～5月少量花序抽出，且植株矮小，花粉量少，结实率低。6月初个别植株枝梢顶端或叶腋开始抽出花序，进入花蕾期；7～8月全部进入生殖生长期。8月下旬至9月雄花花粉开始成熟，大量花粉散出进入开花期。11月果实开始成熟并陆续落地，进入果熟期。在干旱环境条件下生长的普通豚草，12月至翌年1月，进入枯黄期，其地上茎叶和地下根均逐渐干枯死亡；部分生长在河流、

小溪和渠灌旁湿润的土壤环境条件下的普通豚草（土壤体积含水量＞35%），地上茎叶虽干枯死亡，但茎基和地下根部未干枯，翌年春季从茎基部萌生出多个新枝，形成根茎粗大的丛生状亚灌木。广东普通豚草各生育期的年变化动态见表3-4（冯莉等，2012）。

表3-4　广东普通豚草各生育期的年变化动态（冯莉等，2012）

物候期	1月	2月	3月	4月	5月	6月	7月	8月	9月	10月	11月	12月
出苗期	I	II	IV	V	I	I	I				II	III
营养生长期	II	II	II	V	V	IV	III	II	II	II	I	I
花蕾期			I	II	I	I	IV	V				
开花期				I				IV	V			
果熟期						I				I	IV	V
枯黄期	V	I										IV

注：I 表示该物候期的比率小于10%；II 表示比率为10%～25%；III 表示比率为25%～50%；IV表示比率为50%～75%；V表示比率超过90%。

新疆地区普通豚草出苗见图3-1。

图3-1　新疆地区普通豚草出苗（付卫东摄）

（二）三裂叶豚草

三裂叶豚草全生育期约为197 d，自出苗至现蕾约146 d，自现蕾至开花约16 d；依靠种子繁殖，种子一般在4月中旬至5月初萌发后大量出苗，可持续到8月；营养生长期在5月初至7月中旬，蕾期在7月初至

8月初，花期在7月下旬至8月末，果熟期为8月中旬至10月初（王娟等，2013）。

三裂叶豚草在江苏南京5.9℃开始发芽，最适温度为20～25℃。分期播种表明，在3月20日开始出苗，延续期为40 d左右，发芽率为30%。5月20日现蕾，6月1日进入盛花期，果实在7月中旬至9月上旬全部成熟。三裂叶豚草在南京出苗至现蕾约60 d，现蕾至果实始熟约40 d，全年生育期约120 d。三裂叶豚草在生长发育上个体表现很不一致，出苗期、开花期和果实成熟都要延续1个月左右的时间。

三裂叶豚草在黑龙江省牡丹江市区于4月下旬至5月上旬开始出苗，营养生长期90 d左右，至7月末8月初开始现蕾，雌花陆续分化，9月中旬果始熟。

三裂叶豚草春季野外出苗见图3-2。

图3-2　三裂叶豚草春季野外出苗

二、种子萌发特性

影响两种豚草属植物种子萌发的主要因素有温度、湿度、光照等。

（一）温度

1. 普通豚草　研究发现，普通豚草的生长发育对低温很敏感，低温能阻滞植株生长，使其矮化。在自然条件下，当土表5 cm地温达到6.1 ~ 6.6℃时，普通豚草种子开始萌发出苗，出苗的最低温度不能低于6 ~ 8℃，发芽要求的土壤湿度为14% ~ 22%（万方浩等，1990）。

研究人员于1988—1990年在湖南通过露地试验，观察了普通豚草萌发出苗情况，试验结果见表3-5，每年普通豚草的出苗初期、出苗高峰期和出苗末期基本上是一致的（陈立佩，1990）。

表3-5　湖南露地豚草出苗调查

监测年份	出苗初期		出苗高峰期		出苗末期		累计发芽率（%）
	时间	平均温度（℃）	时间	平均温度（℃）	时间	平均温度（℃）	
1988	3月中旬（3月15日出苗）	10.1	3月下旬至4月上旬	8.9 ~ 12.9	4月下旬至5月上旬	20.3 ~ 25.4	81.4
1989	3月上旬（3月7日出苗）	7.7	3月中下旬	10.9 ~ 11.1	4月中旬	16.8	9.35
1990	3月上旬（3月7日出苗）	—	3月中旬	—	4月中旬	—	93.8

刘心妍于2005年秋季采集了黑龙江省牡丹江市郊（属于中温带气候区）、江苏省南京市郊（属于北亚热

带气候区)、江西省南昌市郊（属于中亚热带气候区）的普通豚草种子。通过对种子进行层积和消毒处理后，运用培养皿滤纸法对普通豚草种子置于人工气候室中进行萌发试验，光照12 L：12 D，湿度65%，设定5℃、10℃、15℃、20℃、25℃、30℃、35℃、40℃共8个梯度。研究结果表明，采自牡丹江、南京、南昌的普通豚草种子在5～40℃均可萌发，最适温度均为25℃（牡丹江、南京、南昌种子萌发率分别为97%、99%、98.5%）；接下来是30℃、20℃、35℃；在40℃（萌发率分别为20.3%、45.4%、39.6%）及50℃（萌发率分别为28.9%、18%、21.5%）萌发率最低（图3-3）。萌发率不仅与采样地点和温度的关系极显著，与它们的交互作用也有极显著关系。普通豚草种子在20～35℃萌发率都超过85%，该温度范围与牡丹江、南京、南昌春季及夏季温度相似。普通豚草种子萌发时适宜的温度范围广，说明了普通豚草有能够成功入侵并干扰新生境土著植物的优势特点（刘心妍，2007）。

冯莉等（2012）对普通豚草种子进行消毒，均匀排列于垫有2层滤纸的培养皿中，每皿100粒，置于系列温度（5℃、5/10℃、10℃、15℃、20℃、25℃、30℃、35℃、40℃）的人工气候箱中（湿度

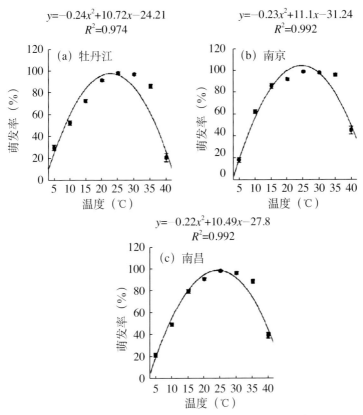

图3-3　温度对采自牡丹江、南京、南昌的
普通豚草种子萌发率的影响

70%，光照12 L ： 12 D）进行萌发试验。萌发试验
结果（图3-4）表明，25℃和30℃是普通豚草最适宜
的萌发温度，发芽率分别为64.4%和62.3%，发芽
整齐，6 d达到发芽高峰；20℃和35℃次之，发芽率
分别为49.9%和51.0%；10℃和40℃发芽率显著下

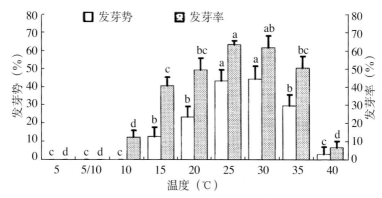

图3-4　温度对豚草种子发芽的影响

注：柱上不同字母表示在0.05水平上差异显著。

降，发芽时间延长，12 d达到发芽率高峰，分别为
12.7%和6.7%；低于10℃基本不萌发。试验中将
10℃和40℃萌发条件下的豚草种子转移到27℃气候
箱中继续培养（清除已发芽的种子），12 d发芽率又
可分别达到46.1%和46.2%，相比原温度条件提高
了3.63倍和6.89倍。

2. 三裂叶豚草　研究发现，三裂叶豚草一般在温
度达到5℃时开始发芽，延续时间为70～90 d，最适发
芽条件是变温20～30℃，发芽率达70%；膨胀的种子
在30℃温度下往往进入第二次休眠（关广清，1983）。

研究人员在江苏南京调查表明，三裂叶豚草于
5.9℃开始发芽，最适温度为20～25℃。分期播种表
明，在3月20日开始出苗，延续期为40 d左右，发芽

率为30%。这与南京的土壤气候条件有关。而辽宁沈阳地区4月上中旬出苗，开始发芽温度为5.0℃，发芽率为70%，延续时间约为30 d。

刘心妍于2005年采集了辽宁省沈阳市郊（属于中温带气候区）、北京市郊（属于南温带气候区）、江西省南昌市郊（属于中亚热带气候区）的三裂叶豚草种子。对种子进行层积和消毒处理，运用培养皿滤纸法对三裂叶豚草种子置于人工气候室中进行萌发试验，光照12 L∶12 D，湿度65%，设定5℃、10℃、15℃、20℃、25℃、30℃、35℃、40℃共8个梯度。结果显示，在光照12 L∶12 D条件下，采自沈阳、北京、南昌的种子在5~35℃均可萌发，最适温度均为20℃（沈阳、北京、南昌种子萌发率分别为64.5%、67.3%、66.6%）；接下来是15℃、25℃；在5℃（萌发率分别为23.2%、29.1%、16.6%）及35℃（萌发率分别为4.5%、3%、4.3%）萌发率最低；40℃时，三地点种子均不萌发（图3-5）。萌发率不仅与采样地点和温度的关系极显著，与它们的交互作用也有极显著关系。三裂叶豚草种子在15~20℃萌发率都超过40%，该温度范围与沈阳、北京、南昌春季温度相似。三裂叶豚草种子萌发时适宜的温度范围广，这与其在我国分布广泛这一事实相符合，说明了三裂叶豚草有能够成

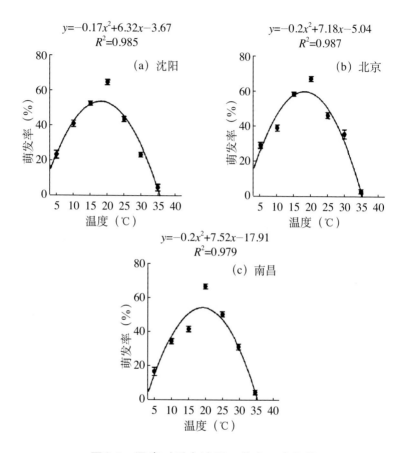

图3-5 温度对采自沈阳、北京、南昌的
三裂叶豚草种子萌发率的影响

功入侵并干扰新生境中土著植物生长的特点（刘心妍，
2007）。

（二）湿度

黄宝华（1985）研究发现，土壤湿度14%～22%是普通豚草和三裂叶豚草种子萌发的最佳土壤湿度条件。

段惠萍等（2000）将土壤烘干后，加水使土壤含水量保持在10％、15％、20％、25％、30％、40％、60％、100％8个梯度水平，在恒温22℃条件下，观察土壤湿度对普通豚草种子发芽的影响。试验结果显示，土壤含水率为15％～60％均适于普通豚草种子发芽，发芽率为26％～41％；土壤含水率为25％时发芽率最高，为41.7％；含水率为100％时，种子不发芽（表3-6）。

表3-6 土壤湿度对普通豚草种子出苗的影响（恒温22℃）

处理	土壤含水率（％）	播种基数（粒）	发芽数	均发芽率（％）
1	10	60	2	3
2	15	60	16	20.7
3	20	60	23	38
4	25	60	25	41.7
5	30	60	0	0
6	40	60	16	26.7
7	60	60	12	20
8	100	60	0	0

（三）光照

普通豚草和三裂叶豚草种子在光照和黑暗条件下都能萌发，但在光下的发芽率高于持续黑暗中的种子（万方浩、王韧，1990）。

1. 普通豚草　刘心妍（2007）运用光照培养箱在25℃环境下，设置了 12 L：12 D 和 24 L：0 D（全暗）两种光照条件，观察光照条件对普通豚草种子萌发的影响。试验结果表明，25℃时，普通豚草种子在 12 h 光照及 24 h 全暗条件下都能萌发，且 2 种条件下都有较高的萌发率（表3-7）。在黑暗下，牡丹江、南京、南昌普通豚草种子萌发率分别为 75.5%、87%、88%。因此，普通豚草种子萌发并不依赖光照，当有枯枝落叶层、树冠遮蔽或者埋藏于土中时，均可以萌发。萌发对光的需要因杂草种的不同而不同。

表3-7　25℃条件下光照及采样地点对普通豚草种子萌发率的影响

光照条件	采集地点	萌发率平均值（%）	标准差
12 h 光照	牡丹江	97	3.545 62
	南京	99	1.851 64
	南昌	98.5	2.070 2
24 h 全暗	牡丹江	75.5	5.830 95
	南京	87	8.211 49
	南昌	88	7.406 56

2. 三裂叶豚草　刘心妍（2007）运用光照培养箱在 20℃ 在环境下，设置 12 L：12 D 和 24 L：0 D（全暗）两种光照条件，观察光照条件对三裂叶豚草种子萌发的影响。试验结果显示，在 20℃时，24 h 全暗及

12 h光照条件下，三裂叶豚草种子均能萌发（三地点平均萌发率为36.7%），12 h光照萌发率明显高于全黑暗，萌发率是黑暗下的近2倍（表3-8）。因此，三裂叶豚草种子萌发并不依赖光照，当有枯枝落叶层、树冠遮蔽或者埋藏于土中时，均可以萌发。

表3-8　20℃条件下光照及采样地点对
三裂叶豚草种子萌发率的影响

环境因子	自由度	均方	F	P
光照	1	10 420.003	142.385	<0.001
地点	2	86.425	1.181	0.317
光照 * 地点	2	22.511	0.308	0.737

三、休眠特性

普通豚草和三裂叶豚草均为一年生草本植物，种子成熟后即进入休眠状态，需经过冬季低温解除休眠后才能萌发（Willemsen et al., 1972；Basset et al., 1982）。黑暗中不萌发的普通豚草和三裂叶豚草种子进入二次休眠。田间春季诱导二次休眠后，种子在光或黑暗下，再次停止萌发。而这一情形又可再次被层积所打破，这种循环机制可连续保持有活力种子来源。

研究表明，刚成熟的豚草种子在任何温度下，无论给予什么光照或连续黑暗均不能发芽；通过4～5℃

或16℃/5℃低温层积8周以上或经过冬季1～3个月低温，可诱导豚草种子发芽。这种秋季休眠、越冬后打破休眠的现象可能是受种子内的发芽抑制剂和促进剂所控制。在4～5℃低温下层积8周后的种子，在光照条件下发芽率可达84%，在连续黑暗情况下发芽仅44%，而在25℃/15℃、30℃/15℃和35℃/20℃变温情况下，层积5个月的种子，其发芽率仅为0～3%。较高温度恒温下（10～40℃）不同梯度的处理，其层积不如低温（5℃）或较低变温16℃/5℃的效果好。试验结果显示，豚草种子需低温才能完成后熟作用并打破休眠（万方浩、王韧，1990）。

王志西等（1999）采集了黑龙江省牡丹江市郊区、辽宁省沈阳市郊区和江西省南昌市郊区成熟的普通豚草和三裂叶豚草种子，将采集的普通豚草和三裂叶豚草种子平均分为3份，用于3个试验：①立即进行萌发实验；②湿沙埋藏放入5℃冰箱冷藏室内层积处理，层积4周、8周和12周后，分期取出进行种子萌发实验；③保存在15℃以上的室温内，存放到第二年春季的5月和夏季的8月，分期取出进行萌发实验。研究结果表明：

（1）秋季采种后立即进行萌发实验的普通豚草和三裂叶豚草种子，其萌发率随产地的纬度不同而有变化（表3-9）。高纬度地区（牡丹江市、沈阳市）分布的种子成熟后即进入休眠状态，给予合适的水、气、热条件也不能萌发；而低纬度地区（南昌市）分布的种子成熟后有一定比例处于非休眠状态，条件适宜时能够萌发。此结果表明，普通豚草和三裂叶豚草种子是否进入休眠状态，与分布区的纬度有关，可能是种子成熟时受到低温天气诱导而产生休眠物质。

表3-9 秋季采种后立即进行萌发实验的普通豚草和
三裂叶豚草种子萌发率（王志西等，1999）

物种	黑龙江牡丹江	辽宁沈阳	江西南昌
普通豚草	0	1	12
三裂叶豚草	0	0	9

（2）低温层积处理对解除普通豚草和三裂叶豚草种子休眠具有重要作用。低温层积4周时，南昌的种子萌发率已达50%以上，沈阳的种子萌发率不足10%，而牡丹江的种子萌发率为0；层积8周时，南昌的种子萌发率达95%以上，沈阳和牡丹江的种子萌发率在50%左右；层积12周时，3个产地的种子萌发率均超过95%。上述实验结果表明，不同产地的普通豚草和三裂叶豚草种子休眠深度不同，解除休眠所需的低温层积时间也不同，12周的低温层积时间已能够满足北纬44°以南地区普通豚草和三裂叶豚草种子解除休

眠所需的层积时间。

（3）休眠的普通豚草和三裂叶豚草种子，并非一定需要低温才能解除休眠。在15℃以上室温中经过7个月和10个月保存的普通豚草与三裂叶豚草种子，均有一定比例的萌发，虽然不及低温层积处理的种子萌发率高，但已能证明低温并不是解除普通豚草和三裂叶豚草种子休眠的唯一条件，种子储藏期间的代谢活动可能降低了休眠物质的浓度。保存10个月时的种子萌发率低于保存7个月时的萌发率，可能是由于在较高温度下的呼吸代谢消耗，使种子活力有所下降导致的。

研究发现，通过激素、酸、碱、高温、低温等处理均可以打破普通豚草和三裂叶豚草种子休眠。休眠种子用不同浓度的赤霉酸溶液处理，在光下能刺激种子发芽；普通豚草种子在乙烯和氧气的混合能刺激种子迅速打破休眠（万方浩、王韧，1990）。康芬芬等（2000）以进境转基因大豆中截获的豚草种子为材料，通过热水浸泡、浓硫酸处理、双氧水浸泡、高锰酸钾浸泡、赤霉素浸泡、低温处理、去除种皮等方法，研究了不同处理对截获休眠豚草种子萌发的影响。结果表明，300 mg/L GA，3.0% H_2O_2，3～5℃低温沙藏3个月、4个月和去种壳处理对休眠中的豚草种子均有一定的刺激作用，但对豚草种子发芽率影响不显著；3～5℃

低温沙藏5个月可使豚草种子发芽率提高至10%。

四、繁殖特性

外来种本身的特性在成功入侵的过程中具有重要作用。近年来，外来种本身生理生态特性及其与本地种的比较研究得到了越来越多的关注，其生理生态特性对于生态系统具有重要作用已得到广泛的承认。例如，入侵种种子本身具有发芽率高、幼苗生长快、幼龄期短等特点，一定程度上促进了其入侵。豚草属植物本身的繁殖特性对其在新栖息地种群的建立有很大作用，使之能成功地适应新的生态系统，抢先占领空生态位。普通豚草和三裂叶豚草利用种子繁殖，种子产量高，生长良好的普通豚草单株产籽量可达3 000～62 000粒，三裂叶豚草可产50～6 000粒，为其适应其入侵环境提供了可能。

普通豚草和三裂叶豚草的种子可保持生活力4～5年（关广清，1983）。Baskln等和Crocker对Beal的埋种实验进行总结分析，认为豚草属植物种子可休眠35年，而埋了40年的种子在早春进行萌发实验时，有4%的种子仍能发芽，埋藏50年或更长时间的种子才丧失活性（万方浩、王韧，1990）。段惠萍等（2000）在1991年将保存在室内的1987年、1989年、1990年种子同时播种，以1990年种子的发芽率最高，达

38.3%；种子发芽率随保存年限增加而降低，1989年比1990年降低8.5%，但相隔4年（1987年采集）的种子仍具有2%的发芽率。

研究人员发现，普通豚草种子实验室发芽率为84.5%，在模拟野外湿润偏阳的条件下，其发芽率可达74.5%；在水分光照条件比较优越的生境条件下，普通豚草实生幼苗的密度达1 500株/m^{2}以上；盆栽实验中，幼苗成苗率为15.79%～30.07%，幼苗长成开花植物的概率为1.20%～5.68%；通过计算，不同生境中1粒普通豚草种子长成一株开花植株的可能性高达0.138%～0.587%，高的种子发芽率和幼苗存活率使普通豚草在野外很容易形成数量足够大的种群，表明普通豚草幼苗定居能力强（邓旭，2010）。

普通豚草和三裂叶豚草利用种子繁殖，随着国内普通豚草和三裂叶豚草从高纬度向低纬度扩散，繁殖方式也在悄然发生着微小的进化，虽然仍以种子繁殖为主，但正在从一年生杂草转变为二年生或多年生杂草。陈国记等（1992）通过调查发现，湖南一部分普通豚草种子可在冬前出芽生长，在湖南南部地区不仅可以越年生，还可以宿根繁殖；1988年3月上旬在临湘调查发现，植株已进入4～5叶期。1989年4月下旬在江永调查发现，宿根有两种类型：一是从茎基部破土而出，丛生状，有分枝20个左右，高17 cm；二是从高23 cm处的老茎上簇生多数分枝，全株高36 cm，但绝大多数为种子繁殖，春季发芽；在江永县当年生的普通豚草种子当年即可萌发。董闻达（1989）于1987年和1988年春季在江西省内采集到带花蕾越冬的普通豚草9株，株高均在30 cm左右，有2株则是断株桩兜上萌发的，待到清明前后春暖花开时，已开花并产生花粉了。研究发现，发生于福建省长乐市的普通豚草种子大多数不需经历休眠即可发芽，而且成熟的豚草种子在当年绝大多数（>70%）已经发芽，以幼苗形态越冬，残留于土壤中的活种子很少（约1.56%）（王国红等，2018）。周伟等（2010）对广东省广州市花都区普通豚草居群进行研究发现，由于珠三角地区全年气候温和，雨量充沛，适于豚草常年生长，已有少数豚草表现出两年生习性，冬季不枯死，早春现花蕾，使得广州市花都区豚草居群与我国其他地区相比具有开花早、花量大、花期长、繁殖速度快、适应性和扩散能力更强的优势。

刘延等（2019）以普通豚草和三裂叶豚草为材料，在种子成熟期，根据植株高度、枝条长度，按比例从上到下分为9个部位（图3-6），对不同植株部位种子的形态特征、数量和萌发特性进行比较，分析这两种植物不同植株部位种子萌发与扩散的共性和差异性，研究了二者种群密度调节和入侵的关系。结果表明：

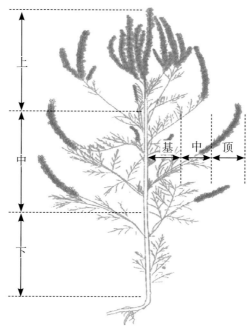

图3-6　植株种子取样部位示意图（刘延等，2019）

（1）两个物种内不同植株部位间种子的长、宽、百粒重无显著差异，但三裂叶豚草种子的长度和宽度分别是普通豚草的2～3倍，百粒重高7倍（表3-10）。结合两个物种地区分布差异，认为种子大小是两个物种分布区域性差异的原因之一。

表3-10 普通豚草和三裂叶豚草种子形态指标对比

物种名称	种子长（cm）	种子宽（cm）	百粒重（g）
普通豚草	0.33±0.021 b	0.18±0.009 b	0.243 6±0.196 b
三裂叶豚草	0.67±0.039 a	0.40±0.024 a	0.673 4±0.139 b

注：同列不同小写字母表示差异显著（$P < 0.05$）。

（2）普通豚草和三裂叶豚草植株外部的上顶、中顶、上中部位种子数占植株总种子数量的50%，中中、下顶占比约23%，而下部的上基、中基、下中、下基的种子数占比约27%，表明当年生产的种子有近73%的比例具有远距离扩散的潜力（表3-11）。

表3-11 普通豚草和三裂叶豚草不同植株部位
产生种子数占单株种子总数比例

单位：%

倍位	普通豚草	三裂叶豚草
上顶UU	0.187±0.005 a	0.188±0.005 a
上中UM	0.145±0.005 b	0.113±0.008 c
上基UB	0.096±0.003 c	0.058±0.005 d
中顶MU	0.173±0.004 a	0.180±0.007 b
中中MM	0.143±0.062 b	0.105±0.003 c
中基MB	0.078±0.011 c	0.070±0.004 e
下顶BU	0.103±0.003 b	0.108±0.003 d
下中BM	0.043±0.003 d	0.055±0.003 f
下基BB	0.048±0.003 d	0.053±0.003 f

注：同列不同小写字母表示差异显著（$P < 0.05$）。

（3）普通豚草不同植株部位的种子萌发率存在差异，但三裂叶豚草不同植株部位的种子萌发率没有差异；温度对普通豚草和三裂叶豚草的种子萌发具有显著影响；而不同位置和不同温度的交互作用对普通豚草和三裂叶豚草的种子萌发率没有影响。普通豚草和三裂叶豚草不同植株部位种子的萌发率具有上端＞中端＞下端的趋势；初始萌发时间为下端＞中端＞上端；萌发持续时间为上端＞中端＞下端。这种萌发方式避免了同一生长季大批种子同时萌发有可能导致高密度死亡的风险。

研究人员发现，普通豚草和三裂叶豚草不同植株部位种子具有不同的适应功能。上部所产生的种子具较强的扩散能力和低休眠性，有利于两物种快速占据新生境并扩大种群；而中、下部位的种子在母株周围就近扩散，翌年萌发率低，缓解了种群竞争。普通豚草和三裂叶豚草不同植株部位生产的种子特性与萌发差异是两个物种进行种群密度调节及扩散入侵的重要原因（刘延等，2019）。

邓贞贞（2016）通过引入不同数量的普通豚草种子（5粒/m²、10粒/m²、20粒/m²、40粒/m²），研究了不同繁殖体压力对入侵初期豚草出苗、定殖和种群维持的影响。结果表明，繁殖体压力大小对普通豚草成功定殖样方比例有显著影响，其中繁殖体压力达到20粒/m²后所有样方均成功定殖且第二年种群继续扩大；种子引入第二年样方内豚草幼苗数和定殖植株数均显著高于第一年（$P < 0.05$）；第一年有1～3株普通豚草成功定殖的样方即可基本满足第二年普通豚草种群的维持，第二年成功出苗5～237株，定殖4～97株。此研究表明，小批量普通豚草种子的传入即具有较大的入侵风险，且传入种子数量越多，风险越大；普通豚草在只有少数几株成功定殖的情况下就有极大可能产生足够多的种子以满足种群的维持和扩张。因此，在普通豚草的防控工作中，应加强对种子的检疫，并且重视新分布区零星植株的及时清除。

王国红等（2018）应用培养皿滤纸保湿、沙土埋藏、野外调查和真菌分离等方法，研究了经历不同越冬条件后普通豚草种带内生真菌的存活能力和种子发芽能力。在室内条件下，内生真菌的分离率随着种子储存时间的延长明显下降。沙土覆盖有利于种子内生真菌的存活。在自然条件下，随着时间的推移，土壤种子中的内生真菌分离率总体上呈下降趋势，但植冠种子内生真菌分离率保持在63％以上。室内干燥保存的种子随时间延长发芽率明显下降，保存6个月后种子发芽率仅为22.14％。自然条件下，土壤种子的发芽能力随时间增长而下降，但植冠种子能维持较强的发芽能力，成熟后6个月，发芽率仍为58.01%。种子发芽时间不齐，可持续4～6个月，成熟后的2个月内发芽最多。当年10月成熟的种子在翌年2月之前近70.55%已发芽，除部分种子因腐烂而损失外，残留的活种子很少（<1.56%）。普通豚草种子的越冬条件影响种子内生真菌的寿命和种子的发芽能力。

五、开花特性

日照长度是控制豚草属植物生殖生长的主要因子，短日照能促进植物开花。在加拿大，发现较北纬度的豚草属植物开花较早，营养生长期短。Payne（1962）指出，在加拿大新斯科舍省和美国密歇根州、路易斯安那州的豚草属植物植株分别要求45 d、95 d和125 d达到充分开花。日照长的白天有利于雄花的生长发育，而短日照有利于雌花形成。在长日照纬度下，仅在生长季节末期开花，形成大量花粉。因此，早期开花的植株上晚期发育的枝条以及晚期开花的植株，雌花数增高，在极端短日照情况下，导致雄花发育无效，形成雌雄异株（万方浩、王韧，1990）。

光照在全光照的70%以上时，普通豚草植株全部开花，花期依光照强度递减逐渐后移1～3周不等。花粉发育良好，量多，粒大，生活力强（>85%）。当光强降至全光照的50％以下，开花植株逐渐减少，花期向后推迟1个月左右。花粉量少，粒小，出现畸形，生活力骤降。光强降至全光照的30％左右，只有少数植株开花，所形成的花粉绝大部分失活。光强降至全光照的30％以下，植株完全丧失生殖能力（表3-12）。结果表明，普通豚草花粉在全光照下发育最好，当光强降到一定程度（＜30％全光照）以下，花粉不能产生，或者发育不良、生活力低下（杨毅、郭文源，1991）。

表3-12　光照对普通豚草花粉发育的影响

处理	花粉量（粒／每个花药）	花粉直径（μm）	花粉生活力（％）
全光照	2 232.1	20.5	97.7
89.4％全光照	1 825.8	20.1	94.3
71.6％全光照	1 732.2	19.5	86.5
53.8％全光照	1 130.2	19.3	70.2
42.5％全光照	784.0	17.5	43.8
30.2％全光照	376.4	16.8	21.1
17.9％全光照	0	0	0
8.7％全光照	0	0	0

注：每个处理统计1朵花，每朵花5个花药；花粉生活力（％）=染色花粉粒数/总花粉数 ×100。

郝建华等（2015）对普通豚草种群的繁育系统特性进行了研究，结果表明：①花粉活力在开花后第

4 d开始出现，第8～第10 d花粉活力比较高；柱头可授性在开花第2 d开始出现，第5～第8 d柱头可授性较高；同植株上同一时期开花的雌花的柱头可授性和雄花的花粉活力有5 d左右的重叠期。②不套袋处理（自然条件）和异株授粉处理下，普通豚草的结实率都比较高，分别达48.4%和44.4%，两者间无显著差异（$P > 0.05$）；而同株授粉处理的结实率较低，仅3.4%，极显著低于不套袋处理和异株授粉的结实率（$P < 0.01$）但显著大于0（$P < 0.05$）。分析表明，普通豚草属于自交不亲和种，但又可部分自交亲和，不具有无融合生殖特性。

研究人员利用实体解剖镜和扫描电镜对三裂叶豚草（Ambrosia trifida L.）雄花序的分化过程进行了观察。结果表明，三裂叶豚草雄花序分化过程分为3个阶段9个时期：营养生长阶段（未分化时期）、雄花序原基分化阶段（生长点分化初始期、雄花序分化初期、雄花序原基初期、雄花序原基中期、雄花序原基末期）、侧花序分化阶段（侧花序原基初期、侧花序原基中期、侧花序原基末期）。三裂叶豚草幼苗期即进行雄花序分化，植株最早只有一对叶时即开始进行分化，当4～6对叶时侧花序开始分化（张微等，2013）。

有研究表明，利用高效液相色谱法测定三裂叶豚草雄花序分化不同时期的内源激素GAs（赤霉素）、IAA（吲哚乙酸）和ABA（脱落酸）的含量，发现在其花序分化初期，即未分化期至雄花序分化初期，其GAs浓度的变化比较平稳，且在一个比较高的水平上。但在雄花序原基中后期，GAs浓度大幅下降，维持在一个很低的水平上，随后在侧花序原基前中期GAs浓度又急剧上升，达到分化初期的水平。但在侧花序原基分化末期再次大幅上升，此时GAs的浓度达到峰值，为257.54 μg/mL，并在雄花序分化成熟期，再次下降至分化初期的水平。总体来说，GAs的含量在三裂叶豚草雄花序分化中期有十分明显的变化，但在分布上未表现一致性。IAA的含量在整个分化过程中基本处于缓慢上升的趋势，只是在雄花序分化成熟期急剧上升，达到峰值。ABA直到侧花序分化期才出现且含量急剧上升，在雄花序分化成熟期达到峰值。由此可见，ABA的出现及其含量可能是决定三裂叶豚草雄花序分化过程能否完成的一个关键因素，ABA含量不足可能会导致三裂叶豚草雄花序无法分化，从而使其不能开花、授粉，继而影响其产籽率。

第二节 生态学特性

一、抗逆特性

（一）普通豚草

普通豚草最适宜生长的土壤pH为6.0～7.0（黄宝华，1985）。研究人员通过试验发现普通豚草种子在溶液pH为1～9.5的范围内都能萌发，但pH在5.5～7.5时，种子萌发率较高，说明普通豚草种子对溶液酸碱度具有很宽的适应范围，中性和微酸性环境最适于普通豚草种子萌发（杨毅，1990）。

普通豚草种子发芽率随土壤深度的增加而降低，在土中1～4 cm处的种子萌发最好，6～8 cm深的显著减少，而10 cm处的种子几乎不出苗。土表的种子发芽出苗存活率为68%，而5 cm、15 cm深的幼苗存活率为0。这支持了普通豚草发芽依靠受人为干扰的土壤以及普通豚草在受人为干扰的环境中极易形成优势种群的论点（万方浩、王韧，1990）。

对普通豚草种子进行播种试验，结果表明普通豚草种子的生命力极强（表3-13），在土表下9 cm以内的种子均可发芽，以1～5 cm深度为最适。即使在土表，仍有3.3%的发芽率，10 cm以下不发芽（段惠萍等，2000）。

表3-13　普通豚草种埋深度对出苗的影响

种埋深度（cm）	播种基数（粒）	出苗数（棵）	均出苗率（%）
0	60	2	3.3
1	60	6	10.0
2	60	16	26.7
3	60	10	16.7
5	60	6	10.0
6	44	1	2.3
7	50	1	2.1
9	50	1	2.1
10	50	0	0
12	50	0	0

　　刘心妍（2007）采集了黑龙江牡丹江、江苏南京、江西南昌地区的普通豚草种子，通过种子萌发试验研究了普通豚草抗逆生态学特性。研究结果表明，牡丹江、南京、南昌的普通豚草种子在pH为4～12的溶液中种子萌发率均超过48%，其最适宜的pH为5～8；当pH＜4时，普通豚草种子不能萌发，但可见种子因吸胀而露白；种子在-1.2～0 MPa渗透势下都可以萌发，只有在渗透势低于-0.8 MPa的溶液中萌发率显著降低（在-1.2 MPa时，萌发率平均为10.5%）；在0～400 mmol/L的NaCl溶液中种子都能萌发，甚至在盐浓度低于200 mmol/L时种子萌发率超过69%，在400 mmol/L NaCl溶液中平均萌发率为8%；播种深度

在1～4 cm时，出苗率都超过75%，在8 cm时不能出苗。这说明普通豚草的种子具有较宽广的萌发条件，可以在各种气候和土壤条件下萌发，同时采自牡丹江、南京、南昌的普通豚草种子有相同的萌发特性。

邓旭等（2010）研究了在人工模拟低温（气候箱内的温度从25℃以1℃/h的速率逐渐降低到20℃、15℃、10℃和5℃）、高温（气候箱的温度从25℃以1℃/h的速率逐渐上升到30℃、35℃、38℃和42℃）、干旱（采取自然干旱的方式，处理持续4 d）和积水（将花盆放入水池中，保证液面没过盆土，连续处理4 d）4种环境胁迫条件下豚草叶片中丙二醛（MDA）和抗氧化系统的变化。结果表明，在4种环境胁迫下MDA含量、超氧化物歧化酶和过氧化氢酶活性都升高；过氧化氢酶活性在高温胁迫下升高，在其他3种胁迫下活性降低；还原型谷胱甘肽含量及抗超氧阴离子自由基活性在4种胁迫下降低。说明普通豚草抗逆机制多样，对高温、高湿的适应强，在华南及西南地区各地入侵潜力较大。

（二）三裂叶豚草

刘心妍（2007）采集辽宁沈阳、北京和江西南昌地区的三裂叶豚草种子，通过种子萌发试验研究了三裂叶豚草的抗逆生态学特性。试验结果表明，沈阳、北京和南昌的三裂叶豚草的种子在pH为4 ~ 12条件下均可以萌发，最适宜的pH为6 ~ 8；当pH < 4时，三裂叶豚草种子不能萌发，但可见种子因吸胀而露白；种子在 −0.8 ~ 0 MPa的渗透势下都可以萌发，在渗透势低于 −0.4 MPa的溶液中萌发率显著降低；在0 ~ 300 mmol/L的NaCl溶液中种子都能萌发，当NaCl浓度低于100 mmol/L时种子萌发率超过51%，在300 mmol/L NaCl溶液中平均萌发率为13.2%；播种深度在1 ~ 4 cm时，出苗率都超过71%，在16 cm时不能出苗。说明三裂叶豚草的种子具有较宽广的萌发条件，可以在各种气候和土壤条件下萌发，采自沈阳、北京和南昌的三裂叶豚草种子萌发对环境的要求没有明显差异。

有研究人员采用盆栽方法研究了三裂叶豚草在不同土壤水分含量条件下叶片生物膜伤害、活性氧代谢和抗氧化酶活性的变化。结果表明，在干旱胁迫下，三裂叶豚草的外渗电导率、MDA含量、超氧阴离子（O_2^-）产生速率和过氧化氢（H_2O_2）含量均显著增加；超氧化物歧化酶（SOD）和过氧化氮酶（CAT）活性显著降低；过氧化物酶（POD）活性在轻度干旱胁迫下显著降低，在重度干旱胁迫下显著升高。水分过量条件下，三裂叶豚草叶片的外渗电导率、MDA含量、活性氧（O_2^- 和 H_2O_2）水平和抗氧化酶（SOD、CAT

和POD）活性无显著变化。这说明三裂叶豚草对干旱胁迫较为敏感，而对过量的土壤水分条件适应性较强（王国骄等，2014）。

二、光合特性

陈新微（2016）和魏子上等（2017）分析了菊科入侵植物普通豚草（*Ambrosia artemisiifolia*）、三裂叶豚草（*Ambrosia trifida*）与其本地植物紫菀（*Aster tataricus*）光合特性的差异。结果表明，普通豚草、三裂叶豚草、紫菀的 Pn 与有效光合辐射的相关性均达极显著水平，3种植物的 LSP 均高于 800 $\mu mol/(m^2 \cdot s)$，且2种入侵植物的 LSP 显著高于本地种紫菀，AQY 均显著低于紫菀；3种植物的 $Pnmax$ 大小顺序为普通豚草＞三裂叶豚草＞紫菀，其中，普通豚草和三裂叶豚草的 Pn_{max} 分别比紫菀高出151.28%和82.80%，并且均显著高于本地种。两种入侵植物的比叶面积（SLA）、叶片单位质量氮含量（Nmass）、叶片单位质量磷含量（Pmass）、光合能量利用效率（PEUE）、光合氮利用效率（PNUE）均显著高于紫菀，但3者叶片单位质量建成成本（CCmass）差异不显著。综上所述，辽宁的两种菊科入侵植物相对于本地共生种来说有着较高的气体交换参数和叶片特性指标，且其光合特性和叶片特性也存在着密切的联系，表现在这些菊科入侵植物有着更高的 Pn_{max}、PNUE、PEUE

和水分利用效率（WUE）等光合特性指标及能量利用指标，使得入侵植物能够更有效地捕获和利用环境资源，成为其得以成功入侵的原因之一。

邓旭（2010）以DA（长沙芙蓉东岸）、ND（湖南农业大学）、LX（临湘）、LL（零陵）和JY（江永）普通豚草居群为对象，研究了普通豚草的光合特性。结果表明，在1 200 μmol/（m²·s）光强下，5月、7月和9月普通豚草的Pn值有差异，开花期（7月）的Pn最高，营养生长期（5月）次之，结果后期（9月）最低。5月，来源于湘北的LX居群的Pn最高，与来源于湘南的LL、JY居群差异达显著水平（$P<0.05$）；7月，各居群间无明显差异；9月各居群的Pn变异幅度增大，LX居群最低，与LL及JY居群差异极显著（$P<0.01$）（表3-14）。

表3-14 1 200 μmol／（m²·s）光强下不同居群
普通豚草的净光合速率（Pn）

地区种群	5月	7月	9月
芙蓉东岸（DA）居群	15.32±2.61 abAB	21.45±3.67 aA	13.54±3.14 abABC
湖南农业大学（ND）居群	15.34±2.36 abAB	22.16±2.35 aA	13.13±1.36 cBC
临湘（LX）居群	16.53±1.66 aA	21.68±1.84 aA	12.72±1.73 cC
零陵（LL）居群	14.27±1.23 bB	21.35±2.24 aA	15.24±2.43 aA
江永（JY）居群	14.44±1.94 bAB	21.24±2.93 aA	14.773±1.54 abAB

注：同列不同小写字母表示差异显著（$P<0.05$），大写字母表示差异极显著（$P<0.01$）。

从研究得到的光合响应曲线可以看出，在光合有效辐射（PAR）为0时，净光合速率（Pn）都为负值；PAR为0～800 μmol/（$m^2 \cdot s$），随着PAR的增加，Pn也迅速增加；当PAR达到800 μmol/（$m^2 \cdot s$）后，Pn增加的幅度逐渐减慢。普通豚草在5月和9月的光响应曲线比较相似，当PAR超过1 200 μmol/（$m^2 \cdot s$）后，Pn不再随PAR的增加而增加，即达到光饱和；而7月的Pn-PAR则表明，当PAR超过1 500 μmol/（$m^2 \cdot s$）后，Pn不再增加。达到光饱和后，随着PAR的增加，Pn有下降趋势。这说明普通豚草存在光抑制的现象。不同居群5月的光响应曲线显示，在0～2 000 μmol/（$m^2 \cdot s$）范围内LX居群的Pn最高，DA和ND居群次之，LL与JY居群较低。7月的光响应曲线表明，在0～2 000 μmol/（$m^2 \cdot s$）范围内各居群的Pn相差不大。与5月的光合曲线相反，9月LX居群的Pn最小。这可能与不同居群普通豚草的发育过程差异有关。

研究发现，普通豚草的光补偿点范围在18.27～37.65 μmol/（$m^2 \cdot s$），光饱和点范围为1 106.8～1 451.8 μmol/（$m^2 \cdot s$）。这说明普通豚草是喜光植物，且光照利用范围宽。从不同月份的数据来看，7月的光饱和点最高，光补偿点最低；5月的光饱和点高于9月，光补偿点低于9月。光饱和点光合速率的变化与之相似，7月最高，9月最低。表观量子效率则是5月最高，9月最低。结果表明，豚草在7月的光合能力最强，在气温适宜、水分充足的5月光合能力比高温干燥的9月强，5月的光能利用率最高。不同居群豚草的光合参数有差异，5月LX居群光补偿点最低，表观量子效率最高，光饱和点Pn最高，光饱和点相差不大，说明在5个居群中，LX可利用光的范围最宽，光合能力最强。这可以解释营养生长期在同质园中该居群生长最快，比别的居群高15 cm以上的现象。在9月，LL、JY居群LSP、Pn_{ISP}及表观量子效率高于其他居群，光饱和点高80 μmol/（$m^2 \cdot s$）左右。这表明高温干燥对LL和JY居群的光合能力的影响比其他居群小。在9月，LX居群基本完成结果，LL、JY居群正处于开花结果盛期，光合作用强，光合产物能保证果实发育所需要的物质与能量。

王蕊等（2012）通过人工遮光，研究了不同光照强度下入侵植物三裂叶豚草的光合特性。分析表明，随着遮光强度的增加，三裂叶豚草的日均净光合速率（Pn）降低（表3-15）。在12:00左右，各处理植株出现光合高峰，遮光25%处理的Pn最大[22.81 μmol/（$m^2 \cdot s$）]，全光照、遮光50%和遮光75%处理的Pn依次比遮光25%处理降低9.1%、23.0%、26.7%；而其他时间段各处理的 Pn 变化均为 CK＞25％＞50％＞75％，且处理间差异显著。三裂叶豚草蒸腾速率（Tr）日变化表现为早晚低、正午高的趋势。在遮光条件下，Tr 的日均值呈先上升后下降趋势，在遮光75％条件下各时间段 Tr 均为最小值，且与 CK、25％ 处理的差异达到显著水平。在10:00 ~ 14:00，三裂叶豚草 Tr 变化趋势为25％＞CK＞50％＞75％。可见，高遮光条件下，三裂叶豚草的 Pn 和 Tr 均受到显著影响；而正午低遮光条件对其 Pn 和 Tr 有一定的促进作用。三裂叶豚草随着遮光强度的增加，其气孔导度（Gs）日均值减小，全光照条件下的 Gs 日均值约为遮光75％的1.48倍，且两处理间的差异在各时间段均达到显著水平。在12:00，各处理的 Gs 变化为25％＞50％＞CK＞75％，全光照条件下的三裂叶豚草 Gs 出现略下降趋势。可见，一般情况下，光可促进植株的气孔张开，但正午强光可能导致三裂叶豚草气孔部分关闭。三裂叶豚草日均胞间 CO_2 浓度（Ci）随遮光强度的增加而增加（表3-15）。Ci 日变化表现为早晚高、正午低的趋势。早晨光强较弱，气孔张开不完全，Ci 增大，随着光强的增加，Gs 增大，Ci 减小且在12:00各处理均达到最小值，随后又逐渐升高。

表3-15 不同光照强度下三裂叶豚草光合参数的日平均值

遮光处理	净光合速率 (Pn) [$\mu mol/(m^2 \cdot s)$]	蒸腾速率 (Tr) [$\mu mol/(m^2 \cdot s)$]	气孔导度 (Gs) [$\mu mol/(m^2 \cdot s)$]	胞间 CO_2 浓度 (Ci) ($\mu mol/mol$)
CK	14.05±0.81 a	6.38±0.86 a	0.59±0.05 a	311.55±21.02 d
25%	12.31±0.58 b	6.49±0.62 a	0.58±0.07 ab	320.21±18.67 c
50%	9.71±0.78 c	5.67±0.87 b	0.52±0.07 b	329.26±14.09 b
75%	7.47±0.85 d	4.67±0.38 c	0.40±0.05 c	336.46±17.78 a

注：同列不同小写字母表示处理间差异显著（$P<0.05$）。

三、化感特性

普通豚草和三裂叶豚草具有很强的生命力，可在干旱贫瘠的荒坡、隙地、墙头、岩坎、石缝里生长，对环境有着极强的适应能力，并能很快形成单种优势种群，导致原有植物群落的衰退和消亡。普通豚草和三裂叶豚草种子能混杂于各种作物种子，特别是大麻、洋麻、玉米、大豆等地，严重时每平方米出现多达1 000株幼苗，管理不好的向日葵和其他中耕作物田间是这两种杂草的危险发源地。普通豚草和三裂叶豚草不但大量吸水、吸肥，造成土壤的干旱贫瘠，还遮光挡风，使作物不能很好生长。同时，还具有强烈排斥其他植物的能力（化感作用或称他感作用），甚至繁茂的葎草也可在几年内被它所取代（关广清，1983）。

（一）普通豚草

Bradow（1989）研究了豚草的生长调节作用，发现其10%（W/W）的叶水提取液对洋葱、燕麦、画眉草、稗草、葛茵、红车轴草、胡萝卜、黄瓜、番茄、反枝苋等种子萌发具有明显的抑制作用，稀释到1∶40对莴苣、胡萝卜、反枝苋等种子萌发还有抑制作用，不同组织、不同溶剂（如石油醚、甲醇、二氯甲烷等）的提取液对葛茵种子也都显示出较强的抑制作用。

王大力等（1996）研究了普通豚草的化感作用，结果发现，普通豚草挥发物对作物种子的萌发有一定的作用，特别是对大豆和小麦的抑制比较明显，而且对玉米幼根的伸长也有相当的抑制作用。普通豚草的茎叶水浸液对作物种子和幼苗生长的影响十分明显。特别是对大豆和小麦种子的萌发抑制最明显，使萌发率分别降低30%和18%；对幼苗早期生长的作用主要表现在对幼根伸长的抑制，而对幼芽则几乎没有影响，对大豆、玉米和小麦的幼根伸长量分别降低31%、64%和76%。普通豚草根水浸液对作物种子和幼苗生长的影响与茎叶不一致，作用不明显，在多数实验中表现为促进作用和抑制作用多种形式并存，其中以对小麦的幼苗生长最明显，对幼根生长的抑制率为21%，对幼芽生长的促进率为23%。普通豚草根区土壤对作物种子和幼苗生长的影响不明显。

有研究对普通豚草不同的活性组分进行了Gc、

Gc/Ms分析，发现化感活性明显的茎叶水浸液的有机物种类和含量明显多于植株其他部位，主要成分为：橙花叔醇、勺叶桉醇、法尼烯、十四碳-3-炔、α-蒎烯、β-蒎烯、2-冰片烯、β-里那醇、冰片、桉树脑、樟脑、异丁子香酚、3-羟基癸酸、壬二酸、环戊烷十一酸等，通过挥发、雨水淋溶和根系分泌等途径向环境中释放一些萜类、烯醇类和聚乙炔类等化合物，对周围植物的种子萌发和幼苗生长产生抑制作用，从而使自身在生长发育过程中处于优势，加快蔓延速度。研究人员还采用固相微萃取/气相色谱联用（SPME/GC-MS）技术分析了普通豚草的挥发性成分。从普通豚草挥发性成分中鉴定出51种物质，其中含量最高的为大根香叶烯D，相对含量为19.169%；接下来依次为z-依兰油烯，相对含量为14.534%；γ-杜松烯，相对含量为11.566%；Δ-杜松烯，相对含量为8.206%等。其中，种类最多的烯类，共36种，占总含量的82.158%（陈峥等，2008）。

研究发现，普通豚草水浸液对小麦种子发芽率总体随着普通豚草水浸液浓度的升高而显著下降；对小麦幼苗初生根的伸长具有显著的抑制作用，但对小麦苗高的抑制作用程度稍弱；显著增强小麦幼苗茎叶的超氧化物歧化酶、过氧化物酶的活性，浓度效应明显（王立新，2011）。

　　韩国君（2015）研究了普通豚草浸提液不同浓度对5种植物（高粱、谷子、白菜、子粒苋、龙葵）种子萌发和幼苗生长的影响（表3-16、图3-7）。结果表明，普通豚草的化感作用是存在的；并且，不同浓度普通豚草浸提液对种子萌发和幼苗生长的影响不同；3种浓度的普通豚草浸提液对5种植物种子萌发及幼苗生长有显著影响。

表3-16　不同浓度普通豚草浸提液对5种受体
植物种子发芽率的影响

普通豚草浸提液（g/mL）	高粱		谷子		白菜		子粒苋		龙葵	
	发芽率（%）	RI	发芽率（%）	RI	发芽率（%）	RI	发芽率（%）	RI	发芽率（%）	RI
0（CK）	78.20 aA		89.51 aA		77.38 aA		17.33 aA		94.33 aA	
0.01	74.10 bB	-0.052	75.09 bB	-0.161	56.47 bB	-0.270	5.67 bB	-0.937	46.67 bB	-0.505
0.02	64.40 cC	-0.176	73.42 bB	-0.179	41.86 cC	-0.459	6.00 bB	-0.933	39.06 cC	-0.585
0.04	52.51 dD	-0.329	68.77 bB	-0.232	14.08 dD	-0.818	1.67 cC	-0.981	8.30 cC	-0.912

注：同列不同小写字母表示处理间差异显著（$P<0.05$）；同列不同大写字母表示处理间差异极显著（$P<0.01$）。

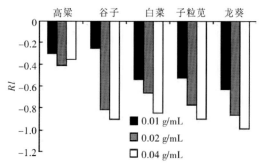

图3-7　不同浓度普通豚草浸提液对5种受体植物苗长的化感作用

张风娟等（2010）研究了燃烧及未燃烧的普通豚草残留物及其水浸提液对小麦的化感作用，探讨了是否可用燃烧的方法来消除或减弱普通豚草残留物的化感作用。结果表明，普通豚草的残留物及其水浸提液均对小麦的早期生长有抑制作用，且残留物水浸提液对苗长的影响较残留物大，说明普通豚草残留物的化感物质可能是一些水溶性的物质，水的浸提使植物体中的一些化感物质得到了较完全的释放；混有普通豚草残留物的土壤理化性质也发生变化，且随着土壤中普通豚草残留物浓度的增加，土壤的pH、电导率、有机碳含量及酚酸含量均有不同程度的升高，这些因素的综合作用抑制了小麦幼苗的生长，其中酚酸是其主要化感组分之一；通过对燃烧和未燃烧的普通豚草残留物的化感作用比较研究发现，燃烧过的残留物与未燃烧的残留物对苗长均有显著的抑制作用，但二者之间的差异不显著。因此，不能用燃烧的方法消除普通豚草残留物对本地植物的影响。

（二）三裂叶豚草

三裂叶豚草对环境的入侵能力和适应性强，生长速度快、植株高大、能遮蔽阳光、根系分泌物具有化感作用。同时，Putnam（1983）发现，菊芋（*Heliabthus tuberosus*）的残株对三裂叶豚草的生长发育有明显的抑制作用。

王大力等（1996）研究了三裂叶豚草的化感作用，发现三裂叶豚草的茎叶水浸液对作物种子萌发和幼苗生长的影响十分明显。对萌发的影响主要表现为抑制或延迟，使大豆和玉米种子的生长速率分别降低49%和52%；对幼苗前期生长的作用主要表现在对幼根伸长的抑制，使玉米和小麦幼根伸长量分别降低60%和69%，而对幼芽则几乎没有影响。三裂叶豚草根水浸液仅对小麦的幼苗生长有影响，表现为促进作用和抑制作用多种形式并存，其中对小麦幼根的伸长抑制为34%，对幼芽的促进为31%。三裂叶豚草的挥发物和根区土壤对实验作物种子萌发与幼苗生长的影响不明显。通过GC、GC-MS分析发现，三裂叶豚草的茎叶水浸液的有机萃取组分的成分要比根的成分复杂，主要的化感物质：α-蒎烯、β-蒎烯、2-冰片烯、里那醇、冰片、4-萜品醇、樟脑、α-萜品醇、马鞭烯酮、橙花叔醇、法尼烯、勺叶桉醇等，通过挥发、雨水淋溶和根系分泌等途径向环境中释放一些萜类、烯醇类和聚乙炔类等化合物，对周围植物的种子萌发和幼苗生长产生抑制作用，从而使自身在生长发育过程中处于优势，加快蔓延速度。

王朋等（2008）以三裂叶豚草为对象，研究植物挥发性单萜的化感作用。经GC和GC-MS定性定量分析，鉴定出了31个挥发性单萜成分，这些单萜占三裂叶豚草挥发性油总含量的84.2%。其中，龙脑（Borneol，8.5%）及其衍生物乙酰龙脑（Bornyl acetate，15.5%）是最主要的单萜成分，两者的相对含量达24%，确定三裂叶豚草挥发物主要是由普通的单萜类化合物组成。三裂叶豚草单萜饱和水溶液对各种受试植物的种子萌发都有不同程度的抑制作用（表3-17）。同样，三裂叶豚草单萜饱和水溶液也能抑制植物幼苗的生长（表3-18）。在不同基质条件下的生物测定结果是有显著差异的。在土壤基质中，三裂叶豚草单萜饱和水溶液对各种受试植物种子萌发的抑制作用显著低于滤纸基质，如玉米和大豆的种子萌发在滤纸基质中被抑制，但在土壤基质中则抑制作用几乎消失。这说明对相同种类和浓度的化感物质采用不同的基质测定，可以产生不同的结果或结论。

表3-17　三裂叶豚草单萜饱和水溶液对作物种子萌发的影响

生测基质	响应指数（RI）						
	黄瓜	莴苣	萝卜	苜蓿	小麦	玉米	大豆
滤纸	$-0.40 \pm 0.05^{**}$	$-0.43 \pm 0.03^{**}$	$-0.34 \pm 0.05^{**}$	$-0.35 \pm 0.06^{**}$	$-0.31 \pm 0.06^{**}$	$-0.32 \pm 0.06^{**}$	$-0.24 \pm 0.03^{*}$
土壤	$-0.16 \pm 0.04^{*}$	$-0.23 \pm 0.02^{*}$	$-0.15 \pm 0.04^{*}$	$0.11 \pm 0.03^{*}$	$-0.17 \pm 0.05^{*}$	-0.02 ± 0.02	0.08 ± 0.02

注：*表示在0.05水平上差异显著，**表示在0.01水平上差异显著。

表3-18　三裂叶豚草单萜饱和水溶液对作物幼苗生长的影响

生长指标	响应指数（RI）		
	小麦	玉米	大豆
苗高	$-0.23 \pm 0.09^{**}$	$-0.21 \pm 0.06^{**}$	$-0.18 \pm 0.02^{*}$
根长	$-0.22 + 0.07^{**}$	-0.04 ± 0.02	$-0.06 \pm 005^{*}$
苗干重	$-0.33 \pm 0.08^{**}$	$-0.17 + 0.08^{*}$	$-0.15 \pm 0.07^{*}$
根干重	$-0.36 \pm 0.11^{**}$	$0.08 \pm 0.03^{*}$	$0.11 \pm 0.03^{*}$

注：*表示在0.05水平上差异显著，**表示在0.01水平上差异显著。

三裂叶豚草浸提液对油菜种子的发芽率表现为低浓度促进、高浓度抑制的双重化感效应，但任何浓度的三裂叶豚草浸提液处理都会降低油菜的种子活力。同时，5.0%及以上浓度的三裂叶豚草浸提液显著抑制油菜幼苗根的生长；但2.5%～7.5%浓度范围内的浸提液显著促进了油菜幼苗的地上部生长，当浓度继续增加时，则会抑制地上部生长（梁敏霞等，2019）。

第四章
检疫与鉴定方法

检疫措施是控制豚草属植物传播扩散、蔓延危害的首要技术措施。检疫机构对普通豚草和三裂叶豚草发生区及周边地区的动植物及动植物产品的调运、输出强化检疫和监测，有助于防止普通豚草和三裂叶豚草扩散蔓延。

第一节　检疫方法

一、调运检疫

从疫区运出的物品除获得有关部门许可外均须进行检疫检验。检疫部门对植物及植物产品、动物及动物产品或其他检疫物在调运过程中进行检疫检验，是严防豚草属植物人为传播扩散的关键环节，可以分为调出检疫和调入检疫。

（一）应检疫的物品

1．植物及植物产品　该类产品主要是通过贸易流通、科技合作、赠送、援助、旅客携带和邮寄等方式进出境。

2．动物及动物产品　对牲畜的引种和动物产品的远距离调运，如牛、羊等活畜，羊毛、皮货等。该类物品主要通过贸易流通、引种等方式进出境。

3．土壤及栽培介质　带有土壤的其他植物；使用过的运输器具/机械；在存放时，曾与土壤接触的草捆和农作物秸秆、农家肥，与土壤接触过的废品、垃圾等。

4．装载容器、包装物、铺垫物和运载工具及其他检疫物品　在植物及植物产品、动物及动物产品流通中，需要使用多种多样的装载容器、包装物、铺垫物和运载工具。

（二）检疫地点

在普通豚草和三裂叶豚草发生地区及相邻地区，经省级以上人民政府批准，发生区所在地检疫部门可以选择交通要道或其他适当地方设立固定检疫点，对从普通豚草和三裂叶豚草发生区驶出或驶入的可能运载有应检物品的车辆以及可能被普通豚草和三裂叶豚草污染的装载容器、包装物进行检查。

（三）检疫证书

对于从普通豚草和三裂叶豚草发生地区外调的植物及植物产品、动物及动物产品，经过检疫部门严格检疫，确实证明不携带检疫对象后可出具检疫证书；对于从外地调入的植物及植物产品、动物及动物产品，调运单位或个人必须事先向所在地检疫部门申报，检疫部门要认真核实植物及植物产品、动物及动物产品原产地普通豚草、三裂叶豚草发生情况，并实施原产地检疫或实验室检疫，确认没有发生疫情后，方可允许调入。对于调出或调入的蔬菜、水果、集装箱、运输工具、农林机械及其他检疫物品等也应实行严格检查，重点检查货物、包装物、内容物、携带土壤中是否夹带、粘带或混藏普通豚草、三裂叶豚草繁殖体。

调查的种子需要进行实验室检疫时，采用对角线或分层取样方法抽取样品，于实验室内过筛检测。以回旋法或电动振动筛振荡，使样品充分分离，把筛上物和筛下物分别倒入白瓷盘内，用镊子挑拣疑似普通豚草或三裂叶豚草种子，放入培养皿内鉴定。

二、产地检疫

在普通豚草或三裂叶豚草发生区，植物、动物、植物产品、动物产品或其他检疫物调运前，由输出地的县级检疫部门派出检疫人员到原产地进行检疫。

1. 检疫地点　主要包括草场、农田、果园、林地、公路和铁路沿线、河滩、沟渠、农舍、牧场、有外运产品的生产单位以及物流集散地等场所。

2. 检疫方法　在普通豚草、三裂叶豚草生长期或开花期，到检疫地点进行实地调查，根据该植物的形态特征进行鉴别，确定种类。

3. 检疫监管　检疫部门应加强对牲畜、家禽、种子、林木种苗、花卉繁育基地的监管，特别是从省外、国外引种的牲畜、家禽、种子、林木种苗、花卉繁育基地。对从事植物及植物产品加工、动物及动物产品加工的单位或个人进行登记建档，定期实施检疫监管。

第二节　鉴定方法

在检疫过程中，发现疑似豚草植株或种子时，可按照以下几个方面进行鉴定。

一、鉴定是否为菊科

菊科植物的鉴定特征：一般为草本、亚灌木或灌木，稀为乔木。有时有乳汁管或树脂道。叶通常互生，稀对生或轮生，全缘或具齿或分裂，无托叶，或有时叶柄基部扩大成托叶状；花两性或单性，极少有单性异株，整齐或左右对称，五基数，少数或多数密集成头状花序或为短穗状花序，被1层或多层总苞片组成的总苞所围绕；头状花序单生或数个至多数排列呈总状、聚伞状、伞房状或圆锥状；花序托平或凸起，具窝孔或无窝孔，无毛或有毛；具托片或无托片；萼片不发育，通常形成鳞片状、刚毛状或毛状的冠毛；花冠常辐射对称，管状，或左右对称，两唇形或舌状，头状花序盘状或辐射状，有同形的小花，全部为管状花或舌状花，或有异形小花，即外围为雌花、舌状，中央为两性的管状花；雄蕊4～5个，着生于花冠管上，花药内向，合生呈筒状，基部钝，锐尖，戟形或具尾；花柱上端两裂，花柱分枝上端有附器或无附器；子房下位，合生心皮2枚，1室，具1个直立的胚珠；果为不开裂的瘦果；种子无胚乳，具2个，稀1个子叶。

二、鉴定是否为豚草属

豚草属植物鉴定特征如下：一年生或多年生草本；茎直立；叶互生或对生，全缘或浅裂，或1～3回羽状细裂。头状花序小，单性，雌雄同株；雄头状花序无花序梗或有短花序梗，在枝端密集呈无叶的穗状或总状花序；雌头状花序，无花序梗，在上部叶腋单生或密呈团伞状。雄头状花序有多数不育的两性花。总苞宽半球状或碟状；总苞片5～12个，基部结合；花托稍平，托片丝状或无托片。不育花花冠整齐，有短管部，上部钟状，上端5裂。花药近分离，基部钝，近全缘，上端有披针形具内屈尖端的附片。花柱不裂，顶端膨大呈画笔状。雌头状花序有1个无被能育的雌花。总苞有结合的总苞片，闭合，倒卵形或近球形，背面在顶部以下有1层4～8瘤或刺、顶端紧缩成围裹花柱的喙部。花冠不存在。花柱2深裂，上端从总苞的喙部外露。瘦果倒卵形，无毛，藏于坚硬的总苞中。植物全部有腺，有芳香或树脂气味，风媒。本属在美洲有亚灌木或灌木。

三、鉴定是否为普通豚草或三裂叶豚草

（一）普通豚草

1. 幼苗　下胚轴长10～15 mm，直径1.25～1.50 mm，紫色或紫褐色；子叶短椭圆形，无毛，表面无脉纹，长3～6 mm，宽2～5 mm，具短而宽的子叶柄；上胚轴长5～10 mm，初生叶深绿色，具毛，叶羽状深裂、具两对阔卵状披针形的侧裂片和一个较大的顶裂片，叶柄有毛，几乎等于叶片的长度；后生叶具密毛，全裂，侧裂片两个，广椭圆形，顶裂片三裂倒卵形，有毛。普通豚草幼苗见图4-1。

2. 成株　普通豚草成株茎直立，一年生草本，靠种子繁殖，具直根系（图4-2）。茎粗0.3～3 cm，株

图4-1 普通豚草幼苗

图4-2 普通豚草植株

高50～90 cm，也有高达2 m以上的。分枝情况不尽相同，有的不分枝，有的表现为巨大的丛状分枝。茎通常为绿色，也有许多呈暗红色，茎通常生有瘤基毛，具纵条棱，较粗糙。叶具2～4 cm的叶柄，植株下部的叶对生，上部叶为互生，叶片一回羽状全裂到三回羽状全裂或深裂，整个轮廓呈等腰三角形，底宽和长度可达15～20 cm，植株上部叶渐小，柄渐短到无柄，有时上部叶不裂而呈披针形，叶具伏毛有粗糙感。头状花序很小，有雌花序和雄花序之分，通常雌雄同株。雄花序有短柄，几十个甚至上百个雄花序呈总状排列在枝梢或叶腋的花序轴上，一株普通豚草有无数个这种的花序轴。每个雄花序有一长2 cm左右下垂的柄，柄端着生浅杯状或盘状的绿色总苞，总苞是由5～12个总苞片联合成为一体的，其上有糙伏毛，直径通常3～4 mm。总苞内着生有5～30个小灯泡似的黄色雄花，边缘无舌状花，每个雄花外面为5个花瓣联合成的管状花冠，花冠顶端膨大如球，下部呈楔形囊状以一短柄着生于总苞上（有时总苞也称花盘）。雌花生在总状雄花序轴基部的叶腋中，单生或数个簇生。每个雌花序下有叶状苞片，其内为椭圆形囊状总苞，总苞内只有一朵无被的雌花，子房位于总苞内，两个柱头伸出总苞之外。成熟后，总苞呈倒圆锥形，木质化，坚硬，内包果实成为复果，具6～8个纵条棱，每个条棱顶端突出呈尖头状。顶部中央具喙，连同周围的尖头突起而呈王冠状。总苞浅黄褐色至红褐色，内包瘦果1枚。

（二）三裂叶豚草

1. 幼苗　下胚轴长20～50 mm，粗壮，直径可达5～6 mm，光滑无毛，上部绿色，近地面处黑紫色或红色，有时长不定根；子叶大型，匙状，长10～15 mm，宽9～15 mm，基部逐渐过渡为子叶柄，子叶柄长度与子叶相同；上胚轴长20～30 mm，具棱和开展的毛；初生叶2个对生，长卵圆形，3个裂片，2个侧裂片较小，顶裂片较大，叶背淡绿色，正面鲜绿色，具伏生毛，羽状网脉，后生叶有3个大齿或3浅裂，对生（图4-3）。

图4-3　三裂叶豚草幼苗

2.成株 三裂叶豚草成株茎直立，一年生草本。种子繁殖，具直根系，有的茎基部有不定根。茎较粗壮，可达3 cm，株高30 ～ 450 cm，具沟槽，被短糙毛，密生瘤基，不分枝或上部分枝。叶片对生，叶片广椭圆形至近圆形，掌状3 ～ 5深裂，裂片卵状披针形或披针形，顶端渐尖或急尖，基部宽楔形，叶缘有锯齿，三基出脉，两面被短糙伏毛或立毛（茎上部叶或全株叶均有不裂的），叶脉上的毛较长；叶柄长1 ～ 9 cm，被短糙毛，基部膨大，边缘有窄翅。雄头状花序于枝端呈总状排列，花序半圆形，直径4 ～ 5 mm，下有长3 ～ 5 mm下垂的花序梗；总苞片边合成浅碟状，外面有3肋，边缘有圆齿，内有雄花13 ～ 25朵；花黄色，花冠钟形；花药5个，离生；可见退化雌蕊花柱2裂。雌头状花序位于雄花序的下方，生于叶状苞叶的叶腋内，无柄，单生或聚生呈轮状；雌花总苞纺锤状，中部以上被短糙毛，雌蕊1，花柱2深裂，丝状，于总苞顶端中处伸出。成熟后，总苞呈倒卵形，木质化，坚硬，内包果实成为复果，具5 ～ 10个显著隆起的纵脊，脊顶上部形成棘状突起。顶部中央具圆锥状喙，总苞黄褐色至黑褐色，内包瘦果1枚（图4-4）。

图4-4 三裂叶豚草植株

第三节 检疫处理方法

产地检疫过程中确认发现普通豚草或三裂叶豚草时，应立即向当地主管部门报告，并根据实际情况启动应急治理预案，防止普通豚草或三裂叶豚草进一步传播扩散。

在调运的植物、动物、植物产品、动物产品或其他检疫物实施检疫或复检中，发现普通豚草或三裂叶豚草植株或种子时，应严格按照植物检疫法律法规的规定对货物进行处理。同时，立即追溯该批植物、动物、植物产品、动物产品或其他检疫物的来源，并将相关调查情况上报调运目的地的检疫部门和外来入侵生物管理部门。

对于产地检疫新发现或调运检疫追溯到的普通豚草或三裂叶豚草要采取紧急防治措施，使用高效化学药剂直接灭除，定期监测发生情况，开展持续防治，直至不再发生或经管理部门委派专家评估认为危害水平可以接受为止。

货物原产地检疫和货物调运检疫过程见图4-5、图4-6。

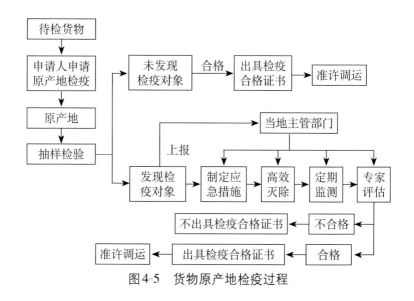

图4-5　货物原产地检疫过程

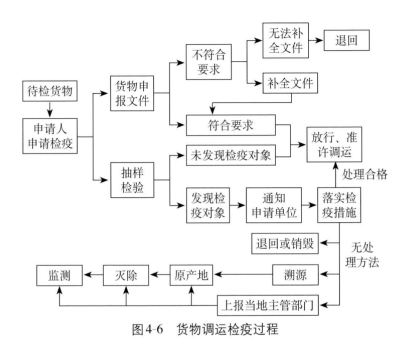

图4-6　货物调运检疫过程

第五章
调查与监测方法

　　加强调查监测是防范普通豚草和三裂叶豚草入侵、定殖、扩散、保护本地生物多样性、确保生态环境安全的基础前提和重要保障。通过对普通豚草和三裂叶豚草发生情况进行调查监测，能够为防治计划和防治方案的制订提供依据，有利于做到早发现、早扑灭、早控制。

第一节　调查方法

　　普通豚草和三裂叶豚草调查一般是指农业、林业、环保等外来入侵生物管理部门，以县级行政区域为基本调查单元，通过走访调查、实地调查或其他程序识别、采集、鉴定和记录普通豚草与三裂叶豚草发生、分布、危害情况的活动。

一、调查区域划分

根据普通豚草和三裂叶豚草是否发生，发生、危害情况，将普通豚草和三裂叶豚草区域划分为潜在发生区、发生点和发生区3种类型，实施分类调查。

1. 潜在发生区　那些尚未有记载，但自然条件下能满足普通豚草或三裂叶豚草生长、繁殖的生态区域即为普通豚草或三裂叶豚草潜在发生区。以县级行政区作为基本调查单位，采用走访调查、踏查和样地调查3种方法，重点调查是否有普通豚草或三裂叶豚草发生。

在毗邻普通豚草或三裂叶豚草发生区的县级行政区，每个乡（镇）至少选取5个行政村设置固定调查点；在毗邻境外普通豚草或三裂叶豚草发生区的县级行政区，除按上述要求设置固定调查点外，还要沿边境一线5 km我国领土一侧间隔10 km选取普通豚草或三裂叶豚草极易发生的公路和铁路沿线两侧、河溪和沟渠两侧、农田、果园、山谷、林地、草原、机关、学校、厂矿、庭院、村道、交通枢纽设置重点调查点，同时增设边贸口岸、边贸集镇和边境村寨重点调查点。

2. 发生点　在普通豚草或三裂叶豚草适生区，普通豚草或三裂叶豚草植株定殖且片状发生面积小于 667 m^2 的区域即为普通豚草或三裂叶豚草发生点。在发生点可直接设置样地进行调查。

3. 发生区　普通豚草或三裂叶豚草繁殖体传入后，能在自然条件下繁殖产生和形成一定的种群规模，并不断扩散、传播的生态区域即为普通豚草或三裂叶豚草发生区。在普通豚草或三裂叶豚草发生点的县级行政区，无论发生点的数量多少、面积大小，该区域即为普通豚草或三裂叶豚草发生区。

在普通豚草或三裂叶豚草发生的县级行政区，每个乡（镇）至少选取5个行政区设置固定调查点。

二、调查内容

调查内容包括普通豚草或三裂叶豚草是否发生、传播载体及途径、发生面积、分布扩散趋势、生态影响、经济危害等情况。

对普通豚草或三裂叶豚草的调查时间，根据离监测点较近的发生区或气候特点与监测区相似的发生区中两种杂草的生长特性，选择普通豚草或三裂叶豚草开花期进行。普通豚草7月初开始现蕾，始花期为7月末至8月初；江西6月底现蕾，7月上旬盛花；山东青岛7月上旬现蕾，7月下旬盛花；上海7月上旬始花；

浙江6月下旬始花；广东6月初现蕾；新疆6月上旬开始现蕾，8月上旬为盛花期。三裂叶豚草通常蕾期在7月初至8月初，花期在7月下旬至8月末；江苏南京5月下旬现蕾，6月上旬进入盛花期；黑龙江牡丹江7月末8月初开始现蕾，雌花陆续分化。

三、调查方法

采用走访调查、踏查和样地调查的方法对普通豚草或三裂叶豚草的发生、分布和危害情况进行调查。

（一）走访调查

在广泛收集普通豚草和三裂叶豚草发生信息的基础上，对普通豚草或三裂叶豚草发生区域的当地居民、管理部门工作人员及专家等进行走访咨询或问卷调查，以获取所调查区域的普通豚草或三裂叶豚草发生情况。每个社区或行政村走访调查30人以上，对走访过程中发现普通豚草或三裂叶豚草的可疑发生地区，应进行深入重点调查。

走访调查的主要内容包括是否发现疑似普通豚草或三裂叶豚草的植物、首次发现时间、地点、传入途径、生境类型、发生面积、危害情况、是否采取防治措施等，调查结果记入表5-1。

表5-1　走访调查表

基本信息	
调查地点：＿＿省（自治区、直辖市）＿＿市（盟）＿＿县（市、区、旗）＿＿＿＿乡（镇）/街道＿＿＿＿村	
经纬度：	海拔：
被访问人姓名：	联系方式：
访问内容	
1.是否发现植株高大，叶片为羽状，7～8月开花，一年生，疑似普通豚草的植物？	
2.是否发现植株高大，茎上部有细沟，叶片3～5裂，裂片卵状披针形或披针形，长约20 cm，7～8月开花，一年生，疑似三裂叶豚草的植物？	
3.首次发现疑似普通豚草或三裂叶豚草的时间、地点	
4.可能的传入途径	
5.发生的生境类型	
6.发生的面积	
7.对人的健康是否有影响和危害？	
8.对农业、林业、畜牧业的影响和危害	
9.牲畜食此植物后有无不良反应？	
10.目前有无利用途径？	
11.是否采取防治措施？	
备注：	
调查人：	调查时间：
联系方式：	

（二）踏查

在普通豚草或三裂叶豚草适生区，综合分析当地普通豚草或三裂叶豚草的发生风险、入侵生境类型、传入方式与途径等因素，合理设计野外踏查路线，选派技术人员，通过目测或借助望远镜等方式获取普通豚草或三裂叶豚草的实际发生情况和危害情况，调查结果填入普通豚草或三裂叶豚草潜在发生区踏查记录表（表5-2）。

表5-2　潜在发生区踏查记录表

基本信息
监测对象：□普通豚草　□三裂叶豚草　踏查日期：＿＿年＿月＿日；调查点位置：＿＿＿省（自治区、直辖市）＿＿＿市（州、盟）＿＿＿县（市、区、旗）＿＿＿＿＿乡（镇）/街道＿＿＿＿＿＿＿＿＿＿村；踏查路线：＿＿＿＿＿＿＿＿＿＿＿＿＿＿＿＿＿＿＿＿；经纬度：＿＿＿＿＿＿＿＿；海拔：＿＿＿＿＿＿＿＿＿＿；踏查人：＿＿＿＿＿＿工作单位：＿＿＿＿＿＿＿＿职务/职称：＿＿＿＿＿＿联系方式：固定电话＿＿＿＿移动电话＿＿＿＿＿＿电子邮件＿＿＿＿＿＿＿

调查内容			
踏查生境类型	踏查面积（hm²）	踏查结果	备注
合计			

对普通豚草或三裂叶豚草踏查记录进行统计汇总，并填入统计汇总表（表5-3），为下一步的治理措施提供翔实的资料。

表5-3　潜在发生区踏查情况统计汇总表

监测对象：□普通豚草　□三裂叶豚草　　汇总时间：＿＿年＿月＿日

序号	市（州、盟）	调查县个数	调查点数	调查点负责人	调查面积（hm²）	其中								
						农田	草场	林地	果园	荒地	公路铁路沿线	河流、溪流、沟渠沿线	生活区	其他
1														
2														
3														
4														
…														

科研工作人员在田间调查普通豚草和三裂叶豚草发生情况（图5-1）。

图5-1 科研工作人员在田间调查

（三）样地调查

根据普通豚草和三裂叶豚草适生区生境类型和在发生区的危害情况，确定调查的生境类型。每个生境类型设置调查样地不少于10个，每个样地面积667 ~ 3 335 m²。每个样地内选取20个以上的样方，每个样方的面积不小于1.0 m²。用定位仪定位测量样地经度、纬度和海拔，记录样地的地理信息、生境类型和物种组成。观察有无普通豚草或三裂叶豚草危害，记录普通豚草或三裂叶豚草发生面积、密度、危害方式和危害程度。监测调查数据记录于潜在发生区定点调查记录表（表5-4）。

表5-4 潜在发生区定点调查记录表

基本信息					
定点调查单位：_____ 监测对象：□普通豚草 □三裂叶豚草 调查日期：___年_月_日； 调查点位置：_____省（自治区、直辖市）_____市（州、盟）___县（市、区、旗）_____乡（镇）/街道_____村； 经纬度：_____；海拔：_____； 生境类型：_____；土壤质地：_____； 植被组成、特征：_____ 调查人：_____职务/职称：_____； 联系方式：_____					
调查内容					
样方序号	是否发现监测对象	受害植物	覆盖度（%）	危害程度	发生面积（hm²）
1					
2					
3					
…					
备注：					

第二节 监测方法

一、监测区的划定方法

监测是指在一定的区域范围内，通过走访调查、实地调查或其他程序持续收集和记录普通豚草或三裂叶豚草发生或者不存在，以掌握其发生、危害的官方活动。

（一）划定依据

开展监测的行政区域内的普通豚草和三裂叶豚草适生区即为监测区。为便于实施和操作，一般以县级行政区域作为发生区与潜在发生区划分的基本单位。县级行政区域内有普通豚草或三裂叶豚草发生，无论发生面积大或小，该区域即为普通豚草或三裂叶豚草发生区。

（二）划定方法

为使监测数据具有较强的代表性，选择一定量的监测点很关键。在开展监测的行政区域内，依次选取20%的下一级行政区域至地市级，在选取的地市级行政区域中依次选择20%的县和乡（镇），每个乡（镇）选取3个行政村进行调查。

（三）监测区的划定

1.发生点　普通豚草和三裂叶豚草植株发生外

缘周围100 m以内的范围划定为一个发生点（2棵普通豚草或2个普通豚草发生斑块、2棵三裂叶豚草或2个三裂叶豚草发生斑块的距离在100 m以内为同一发生点）。

2. 发生区　发生点所在的行政村（居民委员会）区域划定为发生区范围；发生点跨越多个行政村（居民委员会）的，将所有跨越的行政村（居民委员会）划为同一发生区。

3. 监测区　发生区外围5 000 m的范围划定为监测区；在划定边界时，若遇到水面宽度大于5 000 m的湖泊、水库等水域，对该水域一并进行监测。

（四）设立监测标志牌

根据普通豚草和三裂叶豚草生态特征以及传播扩散特征，在监测区相应生境中设置不少于10个固定监测点，每个监测点样地面积不少于10 m²，悬挂明显监测点标志牌，一般每月观察一次。

监测点标志牌的内容包括监测地点、海拔范围、监测面积、监测内容、监测单位等，同时要将普通豚草或三裂叶豚草的主要形态特征以及在该地区入侵情况和危害作简要介绍。

二、监测内容

(一)发生区监测内容

包括普通豚草和三裂叶豚草的危害程度、发生面积、分布扩散趋势和土壤种子库等。

(二)潜在发生区监测内容

普通豚草和三裂叶豚草是否发生。在潜在发生区监测到普通豚草或三裂叶豚草发生后,应立即全面调查其发生情况并按照发生区监测的方法开展监测。

三、监测方法

(一)样方法

在监测点选取 1 ~ 3 个普通豚草或三裂叶豚草发生的典型生境设置样地,在每个样地内随机选取 20 个以上的样方,样方面积不小于 1 m²,样方法调查普通豚草和三裂叶豚草见图5-2。对样方内的所有植物种类、数量及盖度进行调查,调查的结果按表5-5的要求记录和整理,并将结果进行汇总,记录于表5-6中。

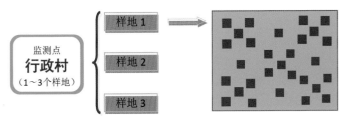

图5-2　样方法调查普通豚草和三裂叶豚草示意图

表5-5 采用样方法调查植物群落记录表

基本信息
监测对象：□普通豚草 □三裂叶豚草 调查日期：＿＿＿＿
监测点位置：＿＿＿＿＿省（自治区、直辖市）＿＿＿＿＿市（州、盟）＿＿＿＿县（市、区、旗）＿＿＿＿＿乡（镇）/街道＿＿＿＿＿村；
样地编号：＿＿＿＿＿面积：＿＿＿＿＿（m²）
经纬度：＿＿＿＿＿＿＿＿海拔：＿＿＿＿＿生境类型：＿＿＿＿＿；
调查人：＿＿＿＿＿＿＿职务/职称：＿＿＿＿＿＿＿＿＿
工作单位：＿＿＿＿＿＿＿＿＿＿＿＿＿＿＿＿＿＿＿＿＿；
联系方式：固定电话＿＿＿＿＿＿＿移动电话＿＿＿＿＿＿＿
电子邮件＿＿＿＿＿＿＿＿＿＿＿＿＿＿

调查内容	
样方序号	调查结果
1	植物名称Ⅰ[株数]，盖度（%）植物名称Ⅱ[株数]，盖度（%）；……
2	

表5-6 样方法种群调查结果汇总表

基本信息
监测对象：□普通豚草 □三裂叶豚草 汇总日期：＿＿＿＿＿；
监测点位置：＿＿＿＿＿省（自治区、直辖市）＿＿＿＿市（州、盟）＿＿＿＿县（市、区、旗）＿＿＿＿＿乡（镇）/街道＿＿＿＿＿村；
样地数量：＿＿＿＿＿＿＿＿样地总面积：＿＿＿＿＿（m²）；
生境类型：＿＿＿＿＿＿＿＿＿＿＿＿＿＿＿＿＿＿＿＿＿；
调查人：＿＿＿＿＿＿＿职务/职称：＿＿＿＿＿＿＿＿＿；
工作单位：＿＿＿＿＿＿＿＿＿＿＿＿＿＿＿＿＿＿＿＿＿；
联系方式：固定电话＿＿＿＿＿＿移动电话＿＿＿＿＿＿＿
电子邮件＿＿＿＿＿＿＿＿＿＿＿＿＿＿

调查内容				
序号	植物名称[a]	株数	出现的样地数	盖度/频度（%）
1				

（续）

2				
…				

^a 除列出植物的中文名或当地俗名外，还应列出植物的学名。

（二）样线法

在监测点选取 1 ～ 3 个普通豚草或三裂叶豚草发生的典型生境设置样地，随机选取 1 条或 2 条样线，每条样线选 50 个等距的样点，样线法取样示意图见图 5-3 所示。常见生境中的样线选取方案见表 5-7。样点确定后，将取样签垂直于样点所处地面插入地表，插入点半径 5 cm 内的植物即为该样点的样本植物，按表 5-8 的要求记录和整理，并将调查结果进行汇总，记录于表 5-9。

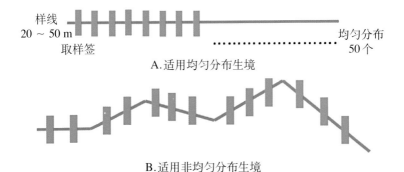

图5-3　样线法取样示意图

表5-7　样线法中不同生境中的样线选取方案

单位：m

生境类型	样线选取方法	样线长度	点距
菜地	对角线	20 ~ 50	0.4 ~ 1.0
玉米田	对角线	50 ~ 100	1.0 ~ 2.0
大豆田	对角线	20 ~ 100	0.4 ~ 2.0
花生田	对角线	20 ~ 100	0.4 ~ 2.0
其他作物田	对角线	20 ~ 100	0.4 ~ 2.0
果园	对角线	50 ~ 100	1.0 ~ 2.0
撂荒地	对角线	20 ~ 100	0.4 ~ 2.0
天然/人工草场	对角线	50 ~ 100	1.0 ~ 2.0
江河、沟渠沿岸	沿两岸各取一条（可为曲线）	50 ~ 100	1.0 ~ 2.0
干涸沟渠内	沿内部取一条（可为曲线）	50 ~ 100	1.0 ~ 2.0
铁路、公路两侧	沿两侧各取一条（可为曲线）	50 ~ 100	1.0 ~ 2.0
天然/人工林地、山坡	对角线，取对角线不便或无法实现时可使用Z形、S形、V形、N形、W形曲线	50 ~ 100	1.0 ~ 2.0
城镇绿地、生活区以及其他生境	对角线，取对角线不便或无法实现时可使用Z形、S形、V形、N形、W形曲线	50 ~ 100	1.0 ~ 2.0

表5-8 样线法种群调查记录表

基本信息

监测对象：□普通豚草 □三裂叶豚草 调查日期：＿＿＿＿
监测点位置：＿＿＿＿＿省（自治区、直辖市）＿＿＿＿市（州、盟）＿＿＿县（市、区、旗）＿＿＿乡（镇）/街道＿＿＿＿村；
样地编号：＿＿＿＿面积：＿＿＿（m²）经纬度：＿＿＿＿
海拔：＿＿＿＿样地生境：＿＿＿＿；
调查人：＿＿＿＿职务/职称：＿＿＿＿
工作单位：＿＿＿＿＿＿；
联系方式：固定电话＿＿＿移动电话＿＿＿电子邮件＿＿

调查内容		
样点序号[a]	植物名称	株数
1		
2		
3		
4		
5		
…		

[a] 选取2条样线的，所有样点依次排序，记录于本表。

表5-9 样线法植物群落调查汇总表

基本信息

监测对象：□普通豚草 □三裂叶豚草 汇总日期：＿＿＿＿；
监测点位置：＿＿＿＿省（自治区、直辖市）＿＿市（州、盟）＿＿＿县（市、区、旗）＿＿＿乡（镇）/街道＿＿＿＿村；
样地数量：＿＿＿＿样地总面积：＿＿＿＿（m²）；生境类型：＿＿＿＿；
调查人：＿＿＿职务/职称：＿＿＿工作单位：＿＿＿＿；
联系方式：固定电话＿＿＿移动电话＿＿＿电子邮件＿＿

(续)

调查内容			
序号	植物名称[a]	株数	盖度/频度（%）
1			
2			
3			
…			

[a]　除列出植物的中文名或当地俗名外，还应列出植物的学名。

　　科研工作人员调查普通豚草和三裂叶豚草的危害情况（图5-4）。

图5-4　科研工作人员调查普通豚草和三裂叶豚草的危害情况

（三）土壤种子库调查法

在普通豚草和三裂叶豚草监测过程中，也可采用土壤种子库调查方法。在所确定的样地中，随机选取 1 m×1 m 的样方，在样方内再取面积为 10 cm×10 cm 的小样方。分层取样，取样深度依次为 0～2 cm（上层）、2～5 cm（中层）、5～10 cm（下层）。将取回的土样把凋落物、根、石头等杂物筛掉，然后将土样均匀地平铺于萌发用的花盆里并浇水，定期观测土壤中普通豚草或三裂叶豚草种子萌发情况，对已萌发出的幼苗计数后清除。如连续两周没有种子萌发，再将土样搅拌混合，继续观察，直到连续两周不再有种子萌发后结束，监测的结果按表5-10的要求记录和整理。

表5-10　种子库监测测结果汇总表

基本信息			
监测对象：□普通豚草　□三裂叶豚草　调查日期：_____ 监测点位置：_____省（自治区、直辖市）_____市（州、盟）_____县（市、区、旗）_____乡（镇）/街道_____村 样地编号：_____面积：_____（m²）经纬度：_____ 海拔：_____样地生境：_____； 调查人：_____职务/职称：_____工作单位：_____； 联系方式：固定电话_____移动电话_____电子邮件			
调查内容			
样方序号	取样深度		合计	种子库（粒/m²）

样方序号	取样深度			合计	种子库（粒/m²）
	0～2 cm	2～5 cm	5～10 cm		

1

(续)

2					
3					
...					

土壤种子库调查采样见图5-5。

图5-5　土壤种子库调查采样

四、危害等级划分

根据普通豚草和三裂叶豚草的盖度（样方法）或频度（样线法），将普通豚草和三裂叶豚草危害分为3个等级：

1级：轻度发生，盖度或频度＜15%。

2级：中度发生，盖度或频度15%～30%。

3级：重度发生，盖度或频度＞30%。

五、发生面积调查方法

采用踏查结合走访调查的方法，调查各监测点（行政村）普通豚草或三裂叶豚草的发生面积与经济损失，根据所有监测点面积之和占整个监测区面积的比例，推算普通豚草或三裂叶豚草在监测区的发生面积与经济损失。

对发生在农田、果园、荒地、绿地、生活区等具有明显边界的生境内的普通豚草或三裂叶豚草，其发生面积以相应地块的面积累计计算，或划定包含所有发生点的区域，以整个区域的面积进行计算；对发生在草场、林地、铁路公路沿线、河流溪流沿线等没有明显边界的普通豚草或三裂叶豚草，持GPS定位仪沿其分布边缘走完一个闭合轨迹后，将GPS定位仪计算出的面积作为其发生面积（图5-6）。其中，铁路路基、公路路面、河流和溪流水面的面积也计入其发生面积。对发生地地理环境复杂（如山高坡陡、沟壑纵横）、人力不便或无法实地踏查或使用GPS定位仪计算面积，也可使用无人航拍法、目测法、通过咨询当地国土资源部门（测绘部门）或者熟悉当地基本情况的基层人员，获取其发生面积。

图5-6 利用GPS定位仪测定普通豚草或
三裂叶豚草发生面积示意图

调查结果按表5-11的要求记录。

表5-11 监测样点发生面积记录表

基本信息							
监测对象：□普通豚草 □三裂叶豚草 汇总日期：_____							
监测点位置：_____省（自治区、直辖市）_____市（州、盟）_____县（市、区、旗）_____乡（镇）/街道_____村；							
调查人：_____职务/职称：_____工作单位：_____;							
联系方式：固定电话_____移动电话_____电子邮件_____							
调查内容							
生境类型	发生面积（hm²）	危害对象	危害方式	危害程度	防治面积（hm²）	防治成本（元）	经济损失（元）
…							
合计							

六、样本采集与寄送

在调查中如发现疑似普通豚草或三裂叶豚草植物，采集疑似植株，并尽量挖出其所有根部组织，用95%

酒精浸泡或晒干，标明采集时间、采集地点、生境类型、采集人等信息。将每点采集的普通豚草或三裂叶豚草集中于一个标本瓶中或标本夹中，送外来入侵生物管理部门指定的专家进行鉴定。

七、调查人员的要求

要求调查人员为经过培训的农业技术人员，掌握普通豚草和三裂叶豚草的形态学与生物学特性、危害症状以及普通豚草或三裂叶豚草的调查监测方法和手段等。

八、结果处理

调查监测中，一旦发现普通豚草和三裂叶豚草或疑似普通豚草和三裂叶豚草的植物，需严格实行报告制度，必须于24 h内逐级上报，定期逐级向上级政府和有关部门报告有关调查监测情况。

第六章
综合防控技术

坚持"预防为主，综合防治"的植保方针，建立完善的普通豚草和三裂叶豚草防治体系。采取群防群治与统防统治相结合的绿色防控措施，根据普通豚草或三裂叶豚草发生的危害程度及生境类型，按照分区施策、分类治理的策略，综合利用检疫、农业、物理、化学和生态措施控制普通豚草或三裂叶豚草的发生危害。

第一节　检疫监测技术

加强检疫是控制普通豚草和三裂叶豚草跨区传播扩散的重要手段，应当结合区域经济发展状况，切实加强口岸检疫、产地检疫和调运检疫。加强对从普通豚草和三裂叶豚草疫区种苗、种子、种畜调运及农产品和畜产品与农机具检疫，防止普通豚草和三裂叶豚草的种子和根茎传入无普通豚草和三裂叶豚草的地区，尤其在引种及种子、种苗调运时，严格检疫，杜绝普通豚草和三裂叶豚草种子和根茎的传入。具体的检疫、鉴定和处理方法详见第四章有关内容。同时，发挥检疫机构在普及和宣传外来入侵生物知识方面的重要作用，提高公众防范的意识，引导公众自觉加入防控工作中来。

实施监测预警是提前掌握普通豚草和三裂叶豚草入侵动态的关键措施，有利于及时将普通豚草和三裂叶豚草消灭于萌芽状态。建立合理的野外监测点和调查取样方法，对目标区域内的普通豚草和三裂叶豚草发生情况进行汇总分析。同时，进行疫情监测，重点调查铁路、车站、公路沿线、河流溪流两岸、农田、草场、果园、林地等场所，根据该植物的形态特征进行鉴别。一经发现，应严格执行逐级上报制度，并立即采取相应的应急控制措施，以防止其进一步扩散蔓延，具体调查与监测技术详见第五章相关内容。此外，还应根据普通豚草或三裂叶豚草的生物学和生态学特性等因素，开展风险评估和适生性分析，形成完善的监测预警技术体系，从而为普通豚草和三裂叶豚草发生危害与传播扩散趋势的判定提供科学依据。

第二节　农业防治技术

　　农业防治是利用农田耕作、栽培技术和田间管理措施等控制和减少农田土壤中豚草的种子库基数，抑制种子萌发和幼苗生长，减轻危害、降低对农作物产量和质量损失的防治策略。农业防治是豚草防除中重要的一环。其优点是对作物和环境安全，不会造成任何污染，成本低、易掌握、可操作性强。

　　农业防治包括深耕翻土除草、良种精选除草、中耕除草、清除田园等措施。

一、深耕翻土除草

　　普通豚草和三裂叶豚草种子埋土深度为 1 ～ 4 cm 处的种子萌发最好，普通豚草种子 10 cm 以下几乎不发芽，三裂叶豚草种子 16 cm 以下不能出苗（万方浩、王韧，1990；段惠萍等，2000）。有试验表明，普通豚草种子在埋土深度 8 cm 处大部分种子已经萌发，但未能出土；三裂叶豚草种子在埋土深度 16 cm 处大部分种子已经萌发，但未能出土（刘心妍，2007）。普通豚草和三裂叶豚草单株种子量大，土壤中种子库巨大，其种子具二次休眠及二次萌发特性，以分散其生态风险（Bassett，1982）；同时，普通豚草和三裂叶豚草春季出苗时间比较早，在 3 月末 4 月初开始出苗。所以，对于农田生境，秋季进行深翻、翌年春天进行春耙能有效地减少普通豚草和三裂叶豚草的出苗数量。秋季深翻15 ～ 20 cm，把种子深埋入土层使其不能再萌发。早春在春种前，当留在浅层土壤中的种子已经大量出苗时进行一次春耙，可消灭大部分幼苗。禾谷类作物分蘖期可用轻型耙横行耙地，此时普通豚草和三裂叶豚草幼苗根系不深，可消灭80％～ 90％（图6-1）。

图6-1　深耕翻土除草

二、良种精选除草

豚草种子容易被混杂在种子中，随着作物种子播种进入田间，这是它们传播扩散的主要途径之一。在加强豚草种子检疫的基础上，应该做好播种前选种。精选作物种子，提高作物种子的纯度，是减少田间豚草发生量的一项重要措施。

三、中耕除草

中耕除草技术简单、针对性强，除草干净彻底，又可促进作物生长。选择在豚草出苗高峰期或营养生长期进行中耕除草,就可有效地抑制其扩散蔓延。三裂叶豚草3月末至4月初开始出苗,4月中旬进入出苗盛期,5月末至6月初为出苗末期;普通豚草出苗各期一般比三裂叶豚草晚2～3 d。

四、清除田园

在农田、果园周边、路旁、荒地等普通豚草容易生长的地方,在开花结实前要适时对豚草连根铲除,将植株晒干后,集中统一做无害化处理。

第三节　物理防治技术

豚草的物理防治是指人工铲除、人工拔除或机械刈割普通豚草和三裂叶豚草植株,使之不结籽或少结籽,从而使普通豚草和三裂叶豚草得到防治。物理防治方法有人工铲除、人工拔除、人工/机械刈割等。

一、物理防治的最佳时期

对于点状发生、面积小、密度小的生境,采用人工直接拔除,最佳时间为豚草生长初期。在根系未大面积下扎之前,一般4～5叶期前,此时易拔除。对于呈片状、呈带状、面积大、密度大的生境地,可在豚草花期前进行机械防除,此时最为安全有效。如果到豚草开花后期，已经有少许种子形成，此时进行人工拔除和机械防除，种子有随人或防除机械向外扩散、传播的风险。

二、物理防治方法

1.人工铲除　在普通豚草和三裂叶豚草幼苗期可以采用人工方法及时铲除，特别是农田、果园、菜田、苗圃面积大的地块，可省时、省工、省力。但铲除后还会有新苗长出，应结合中耕继续铲除。

2.人工拔除　对于点状发生、面积小、密度小的生境，采用人工直接拔除，最佳时间为普通豚草和三裂叶豚草营养生长期，植株高度达到15～20 cm，地上的叶子在4～10对，此时其根系尚不太发达，比较容易拔除，为最佳清除时段；但最晚不能晚于现蕾开花期，一旦结实后再拔除，散落在土里的大量种子又将给来年增加更大的灭除工作量。拔除的植株晒干或集中沤制绿肥。

3.人工／机械刈割　对于呈片状、呈带状、面积大、密度大的生境地（如荒地开垦、轮休地耕作及人工牧场建设），可在普通豚草和三裂叶豚草花期前进行机械防除，此时最为安全有效。对减少普通豚草和三裂叶豚草种子数量、有效控制豚草种群数量具有很好的防治效果（图6-2）。

图6-2　人工防除普通豚草或三裂叶豚草

　　豚草再生能力特别强，豚草在早期刈割后，促进分枝并形成大量种子。经几次割除后仍能很好地生长，割得越高，新枝形成得越多，3～5 cm高时形成4～5个新枝，12～15 cm高时形成6～7个新枝，20 cm高时形成9个新枝，25 cm高时形成11个新枝，30 cm高时形成15个新枝。当根发育特别好时，甚至在蕾期从基部割掉也不死亡，而从基部长出新枝（关广清，1983）。同时，豚草的剪叶试验表明，不剪叶的豚草株高可达222.3 cm，单次剪叶平均株高为212.1 cm，而连续多次剪叶时株高为184.0 cm，连续6次全剪叶处理的植株在株高为130 cm时死亡；不剪叶的植株结实枝条为14.9条，营养生长早期剪叶及重剪叶明显抑制枝条的形成，而后期剪叶有促进分枝的作用；剪叶对花穗数的影响与对分枝数的影响基本一致，不剪叶植株可产生1 873.2粒种子，经剪叶处理后，种子量明显降低，大多数处理的种子减少率为40%～70%，连续6次全剪叶的种子量减少率达100%；早期剪叶以及剪叶次数越多，剪叶越重，对株高、结实枝、花穗数及种子量的抑制作用越明显（关广清等，1991）。在8月中旬，刈割高度在5～10 cm时，植株最终生长高度显著降低，但还能开花结实。重复刈割时。可再生4～5次（刘静玲等，1997）。段惠萍等（2000）通过野外调查认为，在豚草开花期后至结籽前（上海地区在8月10日左右）进行刈割，虽有少数再生穗，但不结籽。

　　冯莉等（2012）在普通豚草花蕾期，通过刈割研究了豚草的再生活力。试验结果发现，刈割后留茬高

度和茎节数对普通豚草再萌生新枝的能力有明显影响
（表6-1）。从普通豚草茎基紧贴地面处切割，茎节数
为0时，普通豚草不能再萌生；留茬高度为5 cm、茎
节数为2时，普通豚草的再生成活率为2.0%；而留茬
高度为10 cm、茎节数为3时，植株成活率为22.0%；
留茬高度为15 cm、茎节数为5个或以上时，植株成活
率大于50%。因此，用人工割除的方法灭除普通豚草
时，最好从茎基贴地面进行割除。

表6-1　刈割留茬高度和茎节数对普通豚草再生成活率的影响

留茬高度 （cm）	留茬茎节 （个）	割除普通豚 草数（株）	刈割后再生新 株数（株）	再生成活 率（%）
0	0	50	0	0
5	2	50	1	2.0
10	3	50	11	22.0
15	5	47	25	53.2
20	6	48	26	54.2

对于非耕地上的普通豚草和三裂叶豚草可随生长
刈割3～4次，不让其结实，在开花前和开花期紧靠
土面割掉或低于土面铲除可使其完全死亡（关广清，
1983）。

董合干等（2018）公开了一种防控三裂叶豚
草危害的机械割除技术，在三裂叶豚草幼苗长到

10 ～ 20 cm高以及植株花期或结实初期，每年利用机械在离地面0 ～ 10 cm对三裂叶豚草进行2次机械割除，与割除5 ～ 6次的防治效果一致，但效率提高2.5 ～ 3倍，成本降低60%～ 66.7%，提高防治效率，使三裂叶豚草的铲除率达95%以上，种子产生量降低98%以上。

第四节　化学防治技术

化学防治就是利用化学药剂本身的特性，即对作物和豚草的不同选择性，达到保护作物而杀死普通豚草和三裂叶豚草的防除方法。

一、除草剂的筛选

可选择安全、有效、低毒的除草剂配合释放有效天敌，达到抑制、控制和防治豚草的目的。在筛选除草剂的同时，要考虑除草剂对天敌昆虫的影响及天敌昆虫对除草剂的承受能力、适应力和遗传变异型。

Rohm和Haa开发的Goal与Blazer是两种结构近似、具有选择性的醚类除草剂，可对大豆田、花生田、玉米田、棉田、果园内的普通豚草进行防除（程暄生，1980）。同时，三裂叶豚草已被证实为美国第七种抗草甘膦杂草（朱秦，2007）。

国内对普通豚草和三裂叶豚草防治除草剂的筛选也做了很多研究。甘小泽等（2005）通过小区试验，施用20%草甘膦、20%二甲四氯、40%草甘膦防治普通豚草，两周后，普通豚草萎蔫率分别达到76.3%、82.5%、85.6%；同种农药的浓度越高，防治效果越好。冯莉等（2011）采用盆栽试验，对15种除草剂对普通豚草不同生育期的防治效果进行了评价，草甘膦、草铵膦、百草枯和环嗪酮有效剂量内对苗期和成株期普通豚草均有较好防效，其中，草甘膦和草铵膦对成株期普通豚草防效优于百草枯和环嗪酮；乳氟禾草灵、乙氧氟草醚、三氯吡氧乙酸、氯氟吡氧乙酸、灭草松、二甲四氯钠盐、2,4-滴丁酯和麦草畏对苗期普通豚草均有较好防效，但对成株期普通豚草，仅乳氟禾草灵和三氯吡氧乙酸表现出较高防效；噻吩磺隆、吡嘧磺隆和苯磺隆3种磺酰脲类除草剂对普通豚草防效较差。黄水金等（2012）采用茎叶喷雾法，在田间测定了草甘膦、百草枯、氟磺胺草醚、乳氟禾草灵、氯氟吡氧乙酸、双氟磺草胺·唑嘧磺草胺6种除草剂对普通豚草的防治效果。试验结果表明，无论是苗期（株高30 cm）还是成株期（株高60 cm），草甘膦、百草枯、氟磺胺草醚、乳氟禾草灵、氯氟吡氧乙酸都表现出良好的防治效果，可应用于防治野外发生的普通豚草。郭成林等（2014）利用盆栽试验，采用茎叶喷雾法，测定了30种除草剂对普通豚草的防治效果：辛酰溴苯腈375 g/hm²、麦草畏216 g/hm²、百草枯600 g/hm²、草铵膦540 g/hm²、草甘膦异丙胺盐922.5 g/hm²、乙羧氟草醚90 g/hm²、三氟羧草醚540 g/hm²、氟磺胺草醚427 g/hm²、莠去津1 140 g/hm²、莠灭净3 000 g/hm²和灭草松1 140 g/hm²对普通豚草防除效果好，药后30 d鲜重防效达100%。利用植物源壬酸水剂在三裂叶豚草现蕾期，采用10%壬酸水剂，有效成分用量8 000 g/667 m²，喷液量80 L/667 m²进行喷雾防治，7 d和28 d的株防效分别达到94.9%和91.2%，结籽三裂叶豚草仅4.6株/m²，比对照减少了93.11%，单株种子数量为261.78粒，比对照减少了83.73%，防效较好（张小利等，2018）。

2019年笔者课题组在新疆维吾尔自治区新源县通过野外试验对防除普通豚草和三裂叶豚草的除草剂进行了筛选。研究结果显示：①对普通豚草防除效果较好的药剂有：30%草甘膦，施药量350 ～ 450 mL/667 m²，施药后7 d株防效为76.2%～88.3%、鲜重防效为79.30%～ 90.4%，450 mL/667 m²处理30 d后株防效、鲜重防效都达到100%，350 mL/667 m²处理45 d后株防效、鲜重防效分别为97.70%、

99.60%；20%氟氯吡氧乙酸，施药量50～70 mL/667 m²，14 d株防效、鲜重防效都接近70.00%，45 d株防效大于86.00%、鲜重防效大于95.00%；苯嘧5%·草甘膦70.00%，施药量60～90 mL/667 m²，7 d后株防效、鲜重防效都达到91.00%以上；10%乙羧氟草醚，施药量60～70 mL/667 m²，施药7 d后70 mL/667 m²处理株防效为85.50%、鲜重防效72.80%，45 d后株防效为95.50%、鲜重防效98.10%；48%三氯吡氧乙酸，施药量278～417 mL/667 m²，施药后7 d株防效达到72.30%、鲜重防效达81.00%，30 d后株防效、鲜重防效都达到100.00%；21%氯氨吡啶酸，施药量20～25 mL/667 m²，施药后7 d株防效达到73.80%、鲜重防效达82.60%，45 d后株防效、鲜重防效都达到100.00%。②对三裂叶豚草防除效果较好的药剂有：30%草甘膦，施药量350～450 mL/667 m²，施药后30 d，450 mL/667 m²处理株防效到81.60%、鲜重防效达44.00%，45 d后株防效、鲜重防效都达100.00%；10%乙羧氟草醚，施药量60～70 mL/667 m²，施药后30 d，60 mL/667 m²处理株防效、鲜重防为90.40%、83.50%，45 d后株防效、鲜重防为93.00%、82.30%；20%硝磺草酮，施药量42.5～50 mL/667 m²，施药后45 d，株防效达到90.60%、鲜重防达到85.90%；

21%氯氨吡啶酸，施药量20～40 mL/667 m²，施药后30 d，株防效达到92.80%、鲜重防达到69.70%，45 d后株防效、鲜重防效均达到100%。

二、不同生境类型入侵区的控制措施

对不同生境类型中普通豚草和三裂叶豚草开展化学防治时，应提前详细了解该生境中的敏感植物和作物情况，合理确定除草剂的种类、用量、防治时期或施药方式等。针对有机农产品和绿色食品产地实施普通豚草和三裂叶豚草防治，应遵循有机农产品和绿色食品生产的相关标准，不得使用除草剂的应采用物理防治的方法进行控制。

图6-3　对普通豚草、三裂叶豚草开展化学防治（付卫东摄）

不同生境普通豚草和三裂叶豚草的化学控制措施见表6-2、表6-3。

表6-2　不同生境普通豚草的化学防治药剂选择及施用方法

生境	药剂	用量有效成分（g／hm²）	加水（L／hm²）	处理时间	喷施方式
农田	莠去津	1 140	450 ～ 600	苗前	均匀喷雾
	乙草胺	1 080 ～ 1 350	450 ～ 600	苗前、苗期	均匀喷雾
	草铵膦	540	450 ～ 600	苗期、成株期	茎叶喷雾
	三氯吡氧乙酸	1 050	450 ～ 600	苗期、成株期	茎叶喷雾
	氯氨吡啶酸	63 ～ 79	450 ～ 600	苗期、成株期	茎叶喷雾
	乳氟禾草灵	108 ～ 144	450 ～ 600	苗期、成株期	茎叶喷雾

（续）

生境	药剂	用量有效成分 （g／hm²）	加水 （L／hm²）	处理时间	喷施方式
农田	麦草畏	216	450～600	苗期、成株期	茎叶喷雾
	氟磺胺草醚	375	450～600	苗期、成株期	茎叶喷雾
	氯氟吡氧乙酸	150～200	450～600	苗期、成株期	茎叶喷雾
	二甲四氯钠盐	877.5	450～600	苗期、成株期	茎叶喷雾
	二甲四氯钠盐＋苯达松	450+1 080	600～750	苗期、成株期	茎叶喷雾
	乙氧氟草醚	180	450～600	苗期、成株期	茎叶喷雾
果园	莠去津	1 140	450～600	苗前、苗期	均匀喷雾
	乙草胺	1 080～1 350	450～600	苗前、苗期	均匀喷雾
	草甘膦	1 125	450～600	苗期、成株期	茎叶喷雾
	草铵膦	540	450～600	苗期、成株期	茎叶喷雾
	氯氨吡啶酸	63～79	450～600	苗期、成株期	茎叶喷雾
	草甘膦异丙胺	922.5	600～750	苗期、成株期	茎叶喷雾
	氯氟吡氧乙酸	225～450	600～750	苗期、成株期	茎叶喷雾
	二甲四氯钠盐	877.5	450～600	苗期、成株期	茎叶喷雾

（续）

生境	药剂	用量有效成分（g／hm²）	加水（L／hm²）	处理时间	喷施方式
果园	二甲四氯钠盐＋苯达松	450+1 080	600 ～ 750	苗期、成株期	茎叶喷雾
	氟磺胺草醚	427	450 ～ 600	苗期、成株期	茎叶喷雾
	乙羧氟草醚	90	450 ～ 600	苗期、成株期	茎叶喷雾
	辛酰溴苯腈	375	450 ～ 600	苗期、成株期	茎叶喷雾
	三氯吡氧乙酸	1 050	450 ～ 600	苗期、成株期	茎叶喷雾
林地山地	莠去津	1 140	450 ～ 600	苗前、苗期	均匀喷雾
	草甘膦	1 125	450 ～ 600	苗期、成株期	茎叶喷雾
	草甘膦异丙胺	922.5	600 ～ 750	苗期、成株期	茎叶喷雾
	辛酰溴苯腈	375	450 ～ 600	苗期、成株期	茎叶喷雾
	氯氟吡氧乙酸	225 ～ 450	600 ～ 750	苗期、成株期	茎叶喷雾
	氯氨吡啶酸	63 ～ 79	450 ～ 600	苗期、成株期	茎叶喷雾
	二甲四氯钠盐	877.5	450 ～ 600	苗期、成株期	茎叶喷雾
	二甲四氯钠盐＋苯达松	450+1 080	600 ～ 750	苗期、成株期	茎叶喷雾

（续）

生境	药剂	用量有效成分 (g／hm²)	加水 (L／hm²)	处理时间	喷施方式
林地 山地	三氯吡 氧乙酸	1 050	600 ~ 750	苗期、成株期	茎叶喷雾
	氟磺胺 草醚	427	450 ~ 600	苗期、成株期	茎叶喷雾
	乙羧氟 草醚	90	450 ~ 600	苗期、成株期	茎叶喷雾
沟渠	氯氨吡 啶酸	63 ~ 79	450 ~ 600	苗期、成株期	茎叶喷雾
	三氯吡 氧乙酸	1 050	600 ~ 750	苗期、成株期	茎叶喷雾
	草甘膦 异丙胺	922.5	600 ~ 750	苗期、成株期	茎叶喷雾
荒地	莠去津	1 140	450 ~ 600	苗前、苗期	均匀喷雾
	草甘膦	1 125	450 ~ 600	苗期、成株期	茎叶喷雾
	草甘膦异 丙胺盐	922.5	450 ~ 600	苗期、成株期	茎叶喷雾
	辛酰溴 苯腈	375	450 ~ 600	苗期、成株期	茎叶喷雾
	二甲四 氯钠盐 + 苯达松	450+1 080	600 ~ 750	苗期、成株期	茎叶喷雾
	氟磺胺 草醚	427	450 ~ 600	苗期、成株期	茎叶喷雾
	莠灭净	3 000	600 ~ 750	苗期、成株期	茎叶喷雾
	草甘膦 异丙胺	922.5	600 ~ 750	苗期、成株期	茎叶喷雾

表6-3　不同生境三裂叶豚草的化学防治药剂选择及施用方法

生境	药剂	用量有效成分（g／hm²）	加水（L／hm²）	处理时间	喷施方式
农田	莠去津	1 140	450 ~ 600	苗前	均匀喷雾
	氯氨吡啶酸	63 ~ 79	450 ~ 600	苗期、成株期	茎叶喷雾
	草铵膦	540	450 ~ 600	苗期、成株期	茎叶喷雾
	灭草松	720 ~ 1 440	450 ~ 600	苗期、成株期	茎叶喷雾
	乙羧氟草醚	90	450 ~ 600	苗期、成株期	茎叶喷雾
	氯氨吡啶酸	63 ~ 79	450 ~ 600	苗期、成株期	茎叶喷雾
	氯氟吡氧乙酸	150 ~ 200	450 ~ 600	苗期、成株期	茎叶喷雾
	甲氧咪草烟	45 ~ 60	450 ~ 600	苗期、成株期	茎叶喷雾
	氟磺胺草醚	375	450 ~ 600	苗期、成株期	茎叶喷雾
果园	莠去津	1 140	450 ~ 600	苗前、苗期	均匀喷雾
	草甘膦	1 125	450 ~ 600	苗期、成株期	茎叶喷雾
	草铵膦	540	450 ~ 600	苗期、成株期	茎叶喷雾
	氯氨吡啶酸	63 ~ 79	450 ~ 600	苗期、成株期	茎叶喷雾
	硝磺草酮	75 ~ 150	450 ~ 600	苗期、成株期	茎叶喷雾
	草甘膦异丙胺	922.5	600 ~ 750	苗期、成株期	茎叶喷雾
	辛酰溴苯腈	375	450 ~ 600	苗期、成株期、花期	茎叶喷雾

（续）

生境	药剂	用量有效成分（g／hm²）	加水（L／hm²）	处理时间	喷施方式
果园	氯氟吡氧乙酸	225～450	600～750	苗期、成株期	茎叶喷雾
	2,4-滴丁酯	3 000	600～750	营养生长期	茎叶喷雾
	氟磺胺草醚	427	450～600	苗期、成株期	茎叶喷雾
	乙氧氟草醚	450～600	450～600	苗期、成株期	茎叶喷雾
	辛酰溴苯腈	375	450～600	苗期、成株期	茎叶喷雾
林地山地	莠去津	1 140	450～600	苗前、苗期	均匀喷雾
	草甘膦	1 125	450～600	苗期、成株期	茎叶喷雾
	草甘膦异丙胺	922.5	600～750	苗期、成株期	茎叶喷雾
	辛酰溴苯腈	375	450～600	苗期、成株期、花期	茎叶喷雾
	硝磺草酮	75～150	450～600	苗期、成株期	茎叶喷雾
	氯氨吡啶酸	63～79	450～600	苗期、成株期	茎叶喷雾
	氟磺胺草醚	427	450～600	苗期、成株期	茎叶喷雾
	乙羧氟草醚	90	450～600	苗期、成株期	茎叶喷雾
	2,4-滴丁酯	3 000	600～750	营养生长期	茎叶喷雾

（续）

生境	药剂	用量有效成分（g／hm²）	加水（L／hm²）	处理时间	喷施方式
沟渠	氯氨吡啶酸	63～79	450～600	苗期、成株期	茎叶喷雾
	草甘膦异丙胺	922.5	600～750	苗期、成株期	茎叶喷雾
	三氯吡氧乙酸	1 050	600～750	苗期、成株期	茎叶喷雾
荒地	莠去津	1 140	450～600	苗前、苗期	均匀喷雾
	草甘膦	1 125	450～600	苗期、成株期	茎叶喷雾
	草甘膦异丙胺	922.5	450～600	苗期、成株期	茎叶喷雾
	辛酰溴苯腈	375	450～600	苗期、成株期、花期	茎叶喷雾
	硝磺草酮	75～150	450～600	苗期、成株期	茎叶喷雾
	三氯吡氧乙酸	1 050	600～750	苗期、成株期	茎叶喷雾
	乙羧氟草醚	90	450～600	苗期、成株期	茎叶喷雾
	乙氧氟草醚	450～600	450～600	苗期、成株期	茎叶喷雾
	氟磺胺草醚	427	450～600	苗期、成株期	茎叶喷雾
	2,4-滴丁酯	3 000	600～750	营养生长期	茎叶喷雾

三、注意事项

1.选择好对普通豚草、三裂叶豚草最佳防控时期。

2.对普通豚草、三裂叶豚草进行防治时,应选择晴朗天气进行,如施药后6 h下雨,应补喷一次。

3.草甘膦为灭生性除草剂,注意不要喷施到农作物上,以防止造成药害。

4.在对沟渠边或水源地边的普通豚草、三裂叶豚草进行化学防除时,应防止污染水源,避免影响水质。

5.在农田出苗前,土壤处理除草剂应适当减量,防止出现药害。

6.在施药区应插上明显的警示牌,避免造成人、畜中毒或其他意外。

7.田间应用时,应避免一个生长期连续多次使用同种药剂,建议不同除草剂轮换使用,保持普通豚草、三裂叶豚草对除草剂的敏感性,延缓抗药性的产生和发展。

第五节 生态控制技术

一、替代控制

替代控制是利用植物种间的竞争规律,用一种或多种植物的生长优势抑制入侵杂草的繁衍,以达到防治或减轻危害的目的。替代控制主要针对外来入侵植物，是一种生态控制方法。其核心是根据植物群落演替的自身规律，使用有经济或生态价值的植物取代外来入侵植物，最终目的是在普通豚草、三裂叶豚草入侵地重建替代植物群落，完成植被的恢复（Piemeisel，1954）。

利用生态经济型植物控制普通豚草和三裂叶豚草方法的优点有：①良性的生态经济型植物一旦定殖便能长期生长，长期抑制普通豚草或三裂叶豚草，不必连年防治，特别是在普通豚草和三裂叶豚草枯死期内，生态经济型植物能尽可能地占据生长空间；②由良性的生态经济型植物可获得直接经济产品，预计能在一定时期内收回一定栽植成本，长期获利；③良性的生态经济型植物可使荒芜地变为生态经济用地，提高土地利用率；④良性的生态经济型植物能保持水土、改良土质、涵养水源、提高环境质量。

筛选理想的生态经济型控制植物应遵循的原则：①生态位较高，在自然条件下具有旺盛的生长能力，结构层次感强；②有强竞争优势或具有化感作用；③生物量大，能在短时间内形成浓郁冠体；④具有优良的可观赏性和强抗病虫害能力；⑤维护费用低，经济上可行；⑥最理想的植物种类是本地物种，不提倡外来物种。

白花夹竹桃、海桐、鬼针草、杨梅和大叶桉树的茎叶水浸提液对普通豚草的芽、胚根、胚轴及幼苗生长有抑制作用（陈贤兴等，2002）。关广清等（1995）根据普通豚草和三裂叶豚草在中国分布区的地理、气候特点，筛选出紫穗槐、沙棘、小冠花、草地早熟禾、菊芋、胡枝子、紫丁香、百脉根、鹰嘴紫云英、紫花苜蓿10种为替代控制普通豚草和三裂叶豚草植物。其中，紫穗槐、沙棘、小冠花、草地早熟禾及菊芋5种已在防治实践中应用，在沈阳—大连和沈阳—桃仙机场高速公路建立了替代控制示范区，示范区面积300 hm²。

季长波（2008）通过对比实验分析了草地早熟禾与豚草属植物物候期的变化，并通过观测草地早熟禾分蘖变化和地下植物量变化、草地早熟禾种植密度对豚草的影响以及对豚草的化感作用，探讨了草地早熟禾对豚草的生物抑制。实验结果表明，草地早熟禾的物候期明显早于豚草，这对防治豚草十分有利：草地早熟禾分蘖及地下植物量增长可以迅速占据地表和地下空间，种植密度在81簇/m²以上对豚草起到显著的空间抑制作用，其地上和地下部分的浸提液都对豚草的种子萌发和幼苗生长起到一定的抑制作用，尤其是地下部分浸提液对豚草的种子萌发和幼苗生长的抑制效果更加明显。研究表明，利用野生草地早熟禾作为防治豚草的替代植物是可行的。

紫穗槐按0.5 m×0.5 m的密度种植，经一年抚育，第二年就可形成光竞争优势，有效地控制豚草，可使普通豚草死亡56%、三裂叶豚草死亡60%；草地早熟禾通过其强大的根状茎和根对普通豚草和三裂叶豚草的营养生长中后期株高、茎粗、分枝、节数、活叶数、有效光合面积均有良好的抑制作用；菊芋通过地上光竞争和地下营养竞争以及功能性化感抑制物质联合作用对普通豚草和三裂叶豚草有极强的抑制作用（刘静玲等，1997）。在三裂叶豚草和菊芋混种条件下，三裂叶豚草的株高、叶面积和地上部分生物量明显下降，菊芋有效控制了三裂叶豚草地上部分生长量的增加，而且控制效果随着混种中菊芋密度的增加和竞争强度的增大而增强。尽管在菊芋和三裂叶豚草比例为0.25 : 0.75的条件下，三裂叶豚草的株高和生物量已显著降低，但豚草叶面积与对照差异不明显，因此菊芋和三裂叶豚草等比例种植可达到较优的控制效果（孙备等，2008）。李建东等（2006）认为，在三裂叶豚草与菊芋混种竞争条件下，菊芋具有光竞争优势，对三裂叶豚草造成弱光胁迫，会使三裂叶豚草叶片叶绿素的含量下降，光合速率降低，蒸腾作用和水分利用效率受到抑制，气孔导度减小，但胞间 CO_2 浓度无明显差异，非气孔限制是竞争条件下三裂叶豚草光合速率下降的主要因素。说明菊芋竞争对三裂叶豚草的光合作用具有一定抑制作用，且抑制作用随着混种种群中菊芋密度的增加有增强的趋势。

　　将健壮的杂交象草地上部分茎秆，均匀切成 20～30 cm 的片段，每段茎秆保留一节点（即芽从节点上长出）；清除表层杂物，翻土，杂交象草按照象草∶普通豚草＝（1～3）∶1 种植（植株密度比）；杂交象草能显著抑制普通豚草，植株死亡率达到80%以上（周忠实等，2012）。

　　选择菊芋、紫花苜蓿、草地早熟禾、紫穗槐、沙棘、紫丁香、胡枝子等本地植物替代控制农田、果园、林地、草场、荒地、山地等生态系统中的普通豚草和三裂叶豚草，这些本地植物萌发早，生长迅速，能在短期内形成较高的郁闭度，与普通豚草/三裂叶豚草争夺光照与养分，抑制普通豚草/三裂叶豚草的生长，多年控制更为效果显著。具体替代植物的种植方法、适用生境见表6-4。

表6-4 替代植物的种植方法和适用生境

替代植物	拉丁名	种植方法	适用生境
菊芋	*Helianthus tuberosus*	翻耕，起垄，块茎穴播于垄上，行株距为10 cm×10 cm，播深4～5 cm	荒地、沟渠、路边、生活区
紫花苜蓿	*Medicago sativa*	整地，行距为30～35 cm，条播，播深为1～3 cm，播种量22.5～30 kg/hm²，播种后覆土1～2 cm	草场、农田、林地、果园、荒地
草地早熟禾	*Poa pratensis* L.	整地，条播或撒播，条播行距20～30 cm，播深2～3 cm，覆土1 cm左右，播种量7～8 kg/hm²	草场、果园、路边、山地、荒地
杂交象草	*Pennisetum americanum* × *P.purpureum*	整地，条播，行距45～55 cm，开沟，茎节平放沟内，盖土1～2 cm，种茎用量3 000～3 750 kg/hm²	草场、路边、山地、荒地
百脉根	*Lotus corniculatus* Linn.	翻耕，整地，条播，行距40～60 cm，播深1～1.5 cm，播种量4.5～6.0 kg/hm²；撒播，播深1～1.3 cm，播种量7.5 kg/hm²，播后镇压	草场、农田、林地、果园、荒地
黑麦草	*Lolium perenne*	整地，条播，行距20～30 cm，播种量按每667 m² 18～22 kg/hm²，覆土1 cm左右	草场、果园、路边、山地、荒地
鹰嘴紫云英	*Astragalus cicer* L.	整地，条播，行距30 cm或行距60 cm双条播，覆土1.5～2.5 cm。播种量22.5～30 kg/hm²	草场、路边、山地、荒地
鸭茅	*Dactylis glomerata* L.	整地，条播，行距30～40 cm，播深1～2 cm，播种量为22.5～30 kg/hm²	果园、路边、荒地

（续）

替代植物	拉丁名	种植方法	适用生境
三叶草	*Oxalis*	翻耕，整地，撒播，播种量6～10 kg/hm²，播种后覆土1～2 cm	草场、居民区、绿化带、果园
小冠花	*Coronilla varial* L.	翻耕，整地，行距20 cm，条播（种皮磨破），播种量16～20 kg/hm²，覆土1 cm	路边
紫丁香	*Syringa oblata* Lindl.	清除普通豚草/三裂叶豚草，幼苗移栽，行株距200 cm×200 cm	路边、绿化带、生活区
胡枝子	*Lespedeza bicolor* Turcz	条播，按20～30 cm开播，覆土0.5～1 cm，播种量30 kg/hm²	林地、山地、荒地、路边
紫穗槐	*Amorpha fruticosa*	幼苗移栽，行株距50 cm×50 cm	林地、山地、荒地
沙棘	*Hippophae rhamnoides* Linn.	幼苗移栽，株行距为200 cm×400 cm或150 cm×400 cm	林地、山地、荒地
荆条	*Vites negundo* L.	幼苗移栽，行株距50 cm×50 cm	路边、山地、荒地

二、昆虫防治

美国、加拿大和苏联20世纪60年代开始研究豚草属植物的生物防治，在原产地找到400多种天敌，并筛选出优势种——豚草条纹叶甲和豚草卷蛾。1987 1990年，中国农业科学院生物防治研究所曾先后从加拿大、澳大利亚和苏联引进豚草条纹叶甲（*Zygogramma suturalis*）、豚草卷蛾（*Epiblema strenuana*）、豚草夜蛾（*Tarachidia candefacta*）、豚草实蝇（*Euaresta bella*）和豚草蓟马（*Liothips* sp.）5 种天敌昆虫。并对豚草条纹叶甲和豚草卷蛾进行了系统研究，包括生物学、生态学、食性专一性、控制效果的研究，取得了一定的效果，并在田间释放了两种天敌，仅豚草卷蛾能在野外成功建立种群（万方浩等，1989、2005），广聚萤叶甲（*Ophraella communa* LeSage）是一种偶然被发现的豚草专一性天敌（孟玲等，2005），以成虫和幼虫取食豚草叶片，对豚草具有较好的控制作用（孟玲等，2007）。

（一）豚草卷蛾

1. 形态特征　豚草卷蛾属鳞翅目卷蛾科，原产于北美洲，食性单一。万方浩（1991）通过查阅国外文献，对豚草卷蛾的形态特征进行了描述。卵：0.55 mm × 0.32 mm，白色、透明、扁平，卵壳上有粗糙小点，孵化前可见暗褐色头壳。幼虫：米黄色，头壳暗褐色，初孵幼虫头壳黑色。依据头壳宽度可分为6龄。1～6龄的头壳宽度分别为0.21 mm、0.32 mm、0.52 mm、0.78 mm、1.04 mm 和 1.21 mm，老熟幼虫长约12 mm。蛹：10～14 mm，暗褐色。成虫：体型变化较大。翅展11～21 mm。前翅灰褐色，共上有黑色基斑，翅臀角上有米色单斑，前翅缘末端部分有不规则的淡褐色和暗褐色波浪状纹与灰色线条；后翅浅灰褐色。

2.生活习性　豚草卷蛾的卵单个产于嫩梢叶片或茎秆上。初孵幼虫常靠近叶脉处蛀食豚草叶片，其宽度可达2～5 mm，后由叶腋、顶芽等处钻入茎秆，较大的叶柄也可被钻蛀，形成长10～15 mm的纺锤体虫瘿。最初，幼虫的粪便排出茎秆外，后期虫粪包含在虫瘿的后部。每个虫瘿内一头幼虫，一般情况下，幼虫在虫瘿内发育，但若植株死亡或不适宜取食时，可转移植株钻蛀。无自残现象，但老熟幼虫具有侵略性，当与其他个体相遇时，可用上颚撕咬。老熟后的幼虫长12 mm。幼虫在虫瘿内化蛹，化蛹前，将茎秆蛀食，表面留有羽化孔。成虫羽化后，将蛹壳留在羽化孔口。羽化后的成虫立即交配，每雌虫产卵100～1 000粒不等。成虫为夜出性，白天不受惊扰的情况下不活动。成虫扩散能力较强，可随风传播至20 km外的地域，年扩散距离可达160 km。

3.生活史及世代　在22～30℃情况下，卵约4 d后孵化，幼虫和蛹期为28～30 d，成虫寿命7～11 d。从卵到成虫需30～40 d。发育起点温度为12.4℃，有效积温517℃。适温范围为15～30℃。在澳大利亚昆士兰州（除其东南部外）可完成6代，在新南威尔士州北部可完成4代。

豚草卷蛾在我国湖南一年发生5代，以幼虫在寄主茎秆中过冬。越冬代成虫于4月中旬羽化。第一、二、三、四伏成虫分别始见于6月上旬、7月中旬、8月下旬和10月上旬，第五代为不完全代。

豚草卷蛾在江西南昌一年发生4～5代，7～8月发育较快（表6-5），6～9月有虫株率20.67%～58.23%，以老熟幼虫在豚草茎秆内越冬，越冬虫源基数平均为0.47头/株（戴凤凤等，2002）。

表6-5　豚草卷蛾幼虫的发育进度

调查日期	幼虫头数（头）					幼虫百分率（%）				
	1龄	2龄	3龄	4龄	5龄	1龄	2龄	3龄	4龄	5龄
7月22日	8	24	34	54	34	5.2	15.6	22.1	35.1	22.1
8月31日	0	3	35	19	5	0	5.8	48.1	36.5	9.6
9月18日	4	32	48	18	0	3.9	31.4	47.1	17.6	0

豚草卷蛾主要分布于湖北的黄冈、黄石、咸宁、武汉等地，越冬代成虫一般于5月下旬至6月上旬发生，第一代幼虫的发生高峰为6月下旬至7月上旬，10月中下旬进入滞育（褚世海等，2011）。

4. 防治效果 万方浩等（1993）通过大田大型笼罩试验证明，豚草卷蛾成虫只在普通豚草、三裂叶豚草、银胶菊和苍耳上产卵，幼虫在其上完成发育，形成虫瘿，化蛹后羽化为成虫；而在供试的其他寄主上均未发现成虫在其上产卵，也未发现幼虫企图咬食或钻蛀的痕迹。澳大利亚引进该虫后，对50种植物进行成虫产卵及接虫实验也进一步证实了豚草卷蛾仅取食豚草属植物、银胶菊和苍耳，释放后多年的田间观察未发现取食向日葵。

周忠实等（2012）等公开了一种利用豚草卷蛾生物防治入侵豚草的方法。优选带有豚草卷蛾虫瘿（虫瘿长度为1～2cm）的茎秆或枝条，在苗期，按照每10株2～4头的虫口密度释放豚草卷蛾虫瘿；在成株期，按每10株6～8头的虫口密度释放豚草卷蛾虫瘿。释放方法：用线绳将预备好的带有豚草卷蛾老熟幼虫的豚草茎秆或枝条吊挂于生长旺盛的豚草茎秆上。不论苗期还是成株期释放，豚草卷蛾均对豚草起到较好的控制作用。在苗期释放，豚草卷蛾控制效果更为明显，可导致44.2%～54.7%的植株死亡率，种子降低率为60.6%～71.6%；成株期释放，豚草卷蛾对豚草的致死率为18.2%～28.3%，种子降低率为44.0%～53.8%。

（二）广聚萤叶甲

广聚萤叶甲属鞘翅目叶甲科（Chrysomelidae）萤叶甲亚科（Galercinae）。

1. 形态特征　广聚萤叶甲卵梨形，淡黄色至橘黄色，卵壳表面具多角形刻纹；常聚集成一丛，每丛平均（21.3±10.8）粒，多产在叶背面。幼虫头壳和前胸背板颜色在各龄期幼虫间不同，初孵幼虫暗色，脱皮后颜色较淡，3龄幼虫淡褐色。3龄幼虫开始结茧，茧淡褐色。成虫体黄褐色，有淡色和深色两种型；头部背面中央具一条黑色纵带；前胸背板有3个常连在一起的黑褐色斑；鞘翅背面具多条黑色纵条纹。

2. 生活史及习性　广聚萤叶甲为多化性昆虫，在美国加利福尼亚州南部一年发生至少3代（Palmer et al.，1991），田间最早发现于6月17日，直到11月初还可见到零星成虫；在康涅狄格州从1972年7月16日到10月30日罩笼300株豚草饲养观察发现，发生2代（LeSage，1981）；在纽约的长岛一年发生4代。在江苏南京的初步观察，一年至少4代，于2004年6月13日最早在仪征市普通豚草上发现越冬后成群的成虫、卵和低龄幼虫，秋末10月15日在南京市钟山豚草生长地枯枝落叶层下的浅土层中发现越冬的成虫（孟玲等，2005）。有报道成虫滞育的光周期在14 h或更短，秋末成虫交配，积累脂肪，然后离开寄主越冬（Watanabe，2000）。

雌虫产卵一般可持续几周，每1～3 d在寄主叶片上产一簇卵。成虫和幼虫都喜欢在完全展开的新叶上取食，幼虫老熟后在寄主叶片上或分叉处结茧化蛹。在日本温室（25℃，16 L：8 D和RH60%）用普通豚草饲喂观察发现，此虫的卵期、孵化到成虫羽化和产卵前期分别为6 d、18 d和5 d，完成一个世代约29 d。在美国康涅狄格州室内（26.3℃，16 L：8 D）条件下用普通豚草饲喂，卵到成虫的发育历期为21.8 d；加利福尼亚州南部用多年生豚草饲喂（27℃，16 L：8 D和RH40%～60%），发育世代历期25～29 d。广聚萤叶甲成虫在植株间有群集扩散的习性（孟玲等，2005）。

3.防治效果　广聚萤叶甲取食菊科向日葵族（Heliantheae）不同属的几种植物，在美国东部普通豚草是此叶甲的唯一寄主。Yamazaki等（2000）在日本研究发现，广聚萤叶甲成、幼虫在豚草属植物上均发育良好、种群数量迅速增加、群集取食致使豚草叶片被吃光，然后迁移到三裂叶豚草和苍耳属的几种植物上。实验室观察表明，幼虫在三裂叶豚草上发育很好，但成虫不太喜欢取食，这也许是未见此虫在野外三裂叶豚草上大发生的原因。另外，在向日葵属植物上成虫取食选择和幼虫表现均不适应。在京都和大阪对野外16种本地和外来菊科植物上进行的调查发现，该叶甲只取食普通豚草、三裂叶豚草、大苍耳、苍耳和意大利苍耳，在普通豚草上的虫量明显多于后几种植物，室内寄主测定的结果与田间基本一致。

张东营等（2007）对广聚萤叶甲幼虫取食普通豚草不同部位叶片后的存活情况进行了观察；对不同日龄幼虫和成虫的生长速率与食物利用效率进行了测定，结果表明，广聚萤叶甲幼虫取食普通豚草上部叶片的累计死亡率显著高于下部叶片，但与中部叶片无显著差异；广聚萤叶甲幼虫鲜重在6日龄前成倍增长，之后趋于平稳；各日龄幼虫的近似消化率均很高（>80%），并随幼虫龄期增大而逐渐降低，但到10日龄时又有所升高；幼虫对食物的转化率与近似消化率之间未表现出常见的反比关系；幼虫取食的相对表现（相对生长率、相对取食率和相对代谢率）呈现早期高于晚期的变化格局；初羽化成虫（4 d内）的取食量明显较高，之后基本保持平稳（张东营等，2007）。

周忠实等（2012）发明了一种利用广聚萤叶甲生物防治入侵豚草的方法。根据豚草的总量，在豚草苗期，按照每10株2～8头成虫的虫口密度释放广聚萤叶甲；在豚草成株期，按照每10株12～20头成虫的虫口密度释放广聚萤叶甲。释放方法为：将分装好广聚萤叶甲成虫的简易释放器倒立悬挂在豚草植株的中上部，各释放器随机分散地悬挂于豚草发生区内，挂好后取掉释放器10～12个小圆孔上用胶带封住的纸片，以便成虫或由蛹羽化出来的成虫自行爬出，如果释放幼虫，可从洞口自行爬出到豚草植株上取食。不论苗期还是成株期，广聚萤叶甲均对豚草起到较好的控制作用。在苗期释放后，广聚萤叶甲在释放区最终导致豚草植株死亡率达80.1%～96.7%，种子降低率达90.7%～95.3%；在成株期释放，广聚萤叶甲对豚草的最终致死率为76.4%～97.4%，种子降低率为84.3%～96.0%。

（三）豚草条纹叶甲

豚草条纹叶甲属鞘翅目叶甲科豚草叶甲属。分布于北美洲，在菊科植物上繁殖，仅食普通豚草和多年生豚草，幼虫食叶、成虫食中和花序。

1. 生活史及习性　在苏联，豚草条纹叶甲每年发生2代，部分出现3代。4月和5月初，越冬的成虫从土壤中钻出来。大多数雌成虫上年秋天已受精，出土后第1d便可产卵。大部分卵产在初春，但产卵期可延续到夏末。卵在适宜温度下（25℃左右）经5～6d，气温较低时经10～12d即可孵化，大批幼虫通常6月末开始出现。幼虫共4龄，1龄幼虫吃生长点附近的嫩叶，以后各龄沿叶缘取食。经22～26 d，幼虫在浅层土壤（1～3 cm，有时深5 cm）内化蛹。蛹期6～10 d，通常7月土旬开始羽化，少数在6月便羽化。产生的第一代成虫最初在原地取食。7月末或8月初转移到新的普通豚草区域，在普通豚草上大量产卵。第二代初孵幼虫虽然对新区域已长大的普通豚草抑制作用小，但却为来年的大发生打下了基础。第二代豚草条纹叶甲幼虫发育期很短，只有37～39 d。成虫9月或10月入土越冬。普通豚草枯死后，在叶和花序上取食的大量幼虫入冬后死亡，不能完成发育。成虫寿命可达2～3年。根据苏联在斯塔波罗尔边区的试验，豚草条纹叶甲从卵发育到成虫的有效积温是410～450℃，发育起点为11.5℃。其中卵发育要求75℃、幼虫190℃、蛹前70℃、蛹期90℃（关广清，1987）。

豚草条纹叶甲在北京地区一年可发生3代，世代重叠。越冬成虫于4月底至5月上旬出土活动，约1周后开始产卵。1代、2代和3代成虫羽化出土月期分别为6月中下旬、7月下旬至8月初和9月上中旬。越冬成虫和第一代成虫产卵量较大，第二代产卵很少，第三代仅有极个别成虫产卵，其幼虫或蛹不能完成发育。成虫于9月中下旬开始入土越冬。吉林丹东地区一年发生3代，湖南湘北和湘中地区一年仅2代，在高温季节有夏蛰现象，不产卵（万方浩等，1993）。

室内（26±1）℃恒温条件下，雌、雄成虫的寿命分别是82.5 d和67.8 d。每雌虫一生产卵394.5粒，产卵前期16.5 d，产卵期49.1 d。成虫一般仅在开始产卵30 d出现一次产卵高峰，成虫产卵特性在个体间有很大差异。在16℃、20℃、24℃、28℃和32℃恒温下，卵的发育历期分别为8.9 d、6.9 d、5.4 d、3.2 d和3.1 d，幼虫分别为22.2 d、15.8 d、13.0 d、9.8 d和9.7 d，蛹分别为22.3 d、16.4 d、14.2 d、10.1 d和8.7 d。卵、幼虫、蛹的发育起点温度分别为11.5℃、11.1℃和6.9℃，有效积温分别为62.9℃、178.9℃和219℃，整个未成熟期的有效积温约为460℃。卵的孵化率以28℃、32℃恒温和20～27℃室温条件下最高，分别为76.7%、80%和86%，温度超过32℃对孵化不利。在16～28℃恒温条件下，幼虫和蛹的存活率变化范围为61.5%～75%，差异不大。低温对1龄幼虫以及高温对3龄、4龄幼虫的存活率影响最大。幼虫对湿度的反应不敏感，在相对湿度20%～95%的范围内，其存活率为57.2%～60%。温度低于15℃、高于36℃，均不利于豚草条纹叶甲的生长发育，表现为成虫不产卵、极少取食，幼虫在36℃高温情况下，不能完成发育。其最适生长发育温度为24～28℃（万方浩、王韧，1989）。

2. 控制效果及问题　实验室试验显示（表6-6），豚草条纹叶甲幼虫对豚草的控制效果随幼虫密度增加而增加，低密度（放5头和10头幼虫）的小区，在整个幼虫期12 d对幼苗的控制效果为22.5％和33.1％，高密度（放20头、40头和60头幼虫）的小区，其控制效果分别为78.0％、95.7％、99.5％，放20头、40头和60头幼虫的小区分别在8 d、7 d、6 d时，其控制效果达到60％。在株高及叶片数基本一致的情况下，不同密度的成虫与控制效果呈正比例关系，成虫密度越高，效果越好。如表6-7所示，当处于营养生长盛期的豚草每株具有10片叶时，65头成虫（即每株上有5.4头成虫）在24 d时对12株豚草的控制效果达81.7％，40头成虫达56.0％，而放20头和10头成虫小区，其控制效果仅21.6％和14.0％（万方浩等，1993）。

表6-6　不同密度幼虫对豚草幼苗的控制效果

单位：%

释放量		放虫天数（d）								
虫／区	虫／株	4	5	6	7	8	9	10	11	12
5	0.3	5.5	6.3	7.2	8.3	9.8	11.8	14.5	18.0	22.5
10	0.5	6.4	10.7	15.3	20.0	24.5	28.3	31.3	33.0	33.1
20	1.0	12.2	25.2	28.3	50.5	60.8	68.6	73.9	76.8	78.0
40	2.0	23.6	36.9	50.3	62.8	73.6	82.4	88.9	93.2	95.7
60	3.0	29.9	44.6	59.8	74.1	86.3	95.2	99.5	99.5	99.5

表6-7 不同密度成虫对豚草幼苗的控制效果

单位：%

释放量		放虫天数（d）					
虫／区	虫／株	4	8	12	16	20	24
10	0.8	4.9	7.9	9.1	10.3	12.0	14.0
20	1.7	8.8	12.4	14.4	17.7	19.0	21.6
40	3.3	14.8	20.8	28.2	37.7	45.0	56.0
65	5.4	20.7	31.4	42.4	49.3	63.0	81.7

通过在沈阳、铁岭、丹东、南京、长沙、临湘、北京等地野外共释放3万余头豚草条纹叶甲成虫，在丹东、南京、长沙、北京建立种群。但种群数量相当小，不能达到控制作用。田间研究表明，由于豚草条纹叶甲成虫、幼虫出现夏蛰现象，很少取食，不产卵。这些因素导致种群数量不能迅速发展。而在北京排除天敌的情况下，种群发展较为迅速，控制作用极为明显（万方浩等，1993）。

（四）广聚萤叶甲和豚草卷蛾联合控制效果

陈红松（2009）通过田间小区试验研究表明，在成株期，普通豚草密度为3.3株／m²，广聚萤叶甲和豚草卷蛾高密度组合（16头卷蛾+12头叶甲和10头卷蛾+6头叶甲）对豚草的抑制作用显著，无论是叶面防控指数、植株死亡率都明显高于其他处理；高密度组合的联合控制区的豚草种子量、植株地上和地下部生物量明显低于其他处理区。说明当成株期，在豚草一定密度下，适当提高两种天敌组合密度，仍可对豚草起到良好的控制作用。

黄水金等（2011）在江西南昌普通豚草入侵地分别按广聚萤叶甲0.7头/株和豚草卷蛾0.4头/株的密度同时释放了2种天敌。结果显示，释放前期广聚萤叶甲和豚草卷蛾种群数量增长较快，但释放70 d后，豚草植株死亡率达90.14%，天敌种群数量急剧下降；释放80 d后，豚草植株死亡率达到100%。此外，在整个调查期间，天敌释放区豚草株高增长缓慢，均极显著低于对照区。

陈红松等（2018）在湖南省永州市江永县普通豚草大面积发生区域，人工释放了广聚萤叶甲和豚草卷蛾，调查这2种天敌在释放区和扩散区的种群动态及对豚草的防治效果，以及这2种天敌在扩散区的越冬情况。调查发现，广聚萤叶甲和豚草卷蛾的扩散能力强。释放1个月后，在释放区，广聚萤叶甲各虫态及豚草卷蛾虫瘿均被发现。整体上，随时间延长，广聚萤叶甲各虫态虫口密度先增后减，而豚草卷蛾虫瘿密度呈逐渐降低趋势。释放2个月后，在距释放区边缘10 km的豚草发生区，发现了广聚萤叶甲和豚草卷蛾，且成功建立了种群并顺利越冬。释放区豚草株高几乎没有增加，且叶片最终被取食精光，几乎全部死亡；扩散区豚草株高略有增加，最终近75%叶片被取食。

三、真菌防治

（一）白锈菌

白锈菌（*Albuyo tragopogonis* Schroet）对豚草有较大的控制效果。在16.7 ~ 18℃情况下，往豚草幼株上喷洒白锈菌孢子悬浮液并保持液滴4 h以上，可使豚草感病，叶背面长出许多白色小疱，叶正面在小疱处退绿。豚草感病，子叶期比4 ~ 10对真叶期敏感。田间条件下染病豚草生物量减少1/10左右，每株种子产量降低95% ~ 100%，种子千粒重从3.16 g降为2.28 g（关广清等，1988）。

（二）苍耳柄锈菌三裂叶豚草专化型

苍耳柄锈菌三裂叶豚草专化型（*Puccinia xanthii* f. sp. *ambrosiae-trifidae*）为专性寄生菌，是吕国忠于2003年在辽宁沈阳对三裂叶豚草野外调查时发现的病原菌（吕国忠等，2004）。

苍耳柄锈菌冬孢子堆成熟时突破寄主表皮外露；在寄主上冬孢子萌发时，由上细胞顶部出现皱褶和帽状物，由帽状物下伸出担子。冬孢子的上细胞和下细胞都可萌发；冬孢子在水中于25℃ 2 h即可萌发，24 h

后达到萌发高峰，萌发率为12％；温度20～25℃、相对湿度97％以上、pH 5～7的条件有利于冬孢子萌发，光照对冬孢子萌发没有影响，木糖和乳糖对冬孢子萌发有促进作用；无机氮源营养对冬孢子萌发有抑制作用。肌醇、烟酸、核黄素及三裂叶豚草叶汁对冬孢子萌发有促进作用。

苍耳柄锈菌三裂叶豚草专化型对三裂叶豚草具有专性寄生现象。感病株叶片出现失绿的斑点，以后扩展并变得膨胀、干燥，叶背面可发育出中心呈褐色隆起的冬孢子堆。发病后3～4周，整个叶子干枯，萎缩呈暗黑色，叶柄坏死，叶子早落。严重染病株，叶柄和各分枝，花和主茎都坏死，叶子全部过早脱落（包括嫩叶）。花粉和种子产量大大降低，种子千粒重也由1.853 g降为0.849 g，使后代幼苗生活力变弱。专性试验表明，这种真菌不侵染其他供试植物，甚至不侵染豚草（关广清等，1988）。

曲波等（2012）发明了一种利用锈菌防治三裂叶豚草的方法。将带有冬孢子的干燥三裂叶豚草叶片用小型粉碎机粉碎，过60目筛，获取冬孢子粗粉；将冬孢子粗粉加入水溶液，加入质量比的终浓度为0.5％～1％的木糖或乳糖，用显微镜检查使冬孢子浓度为10^5～10^6/mL，即为备用的冬孢子悬浮液。将制备好的冬孢子悬浮液装入喷雾器中，摇匀后均匀地喷洒于三裂叶豚草幼苗的叶片上；温室室内温度20～25℃、相对湿度97%；接种7～15 d后，三裂叶豚草叶子发病，取病斑面积超过叶面积50%的叶子，浸入水中，用硬毛刷将冬孢子刷下，配成10^5个/mL的水溶液，在每500 mL的水溶液中加入1～2 mL吐温-80和1～2 mL透明质酸，即为冬孢子悬浮液。将冬孢子悬浮液按体积比1：250加水，于傍晚用小型喷雾器将溶液喷洒在三裂叶豚草叶面即可。通过对试验小区锈病危害程度的调查和分析，发现三裂叶豚草锈病对寄主植株的影响主要表现为数量性状，即降低单株种子百粒重，空瘪率明显增加，但对籽粒数目的影响并不显著。在调查的256个植株中，株高差异不大，平均株高1.56 m，有74.6%的植株种子的百粒重损失达50%以上。锈病发生和危害程度越高，单株种子百粒重明显下降，影响到种子的生命力。

第六节　资源化利用

一、生物农药

（一）杀虫剂

史彩华等（2009）对豚草地和非豚草地的昆虫群

落结构进行了研究。结果发现，昆虫个体数量（密度）随着试验地的不同而存在差异，纯豚草地昆虫个体数量（密度）＜半豚草地昆虫个体数量（密度）＜非豚草地昆虫个体数量（密度），即随着豚草数量的减少，昆虫的个体数量（密度）增加，证实了豚草对昆虫群落具有一定的抑制作用。孙刚等（2006）也证明豚草对某些昆虫具有一定的抑制作用，降低了土壤昆虫的个体数量和群落多样性。

赵奇等（2007）的研究表明，豚草石油醚提取液对甘蓝蚜有较高活性，10倍稀释液校正死亡率为70.79％，豚草乙醇提取液对甘蓝蚜杀虫活性明显低于石油醚提取液，校正死亡率仅为12.86％。张国财等（2010）的实验结果证实，豚草乙醇提取液（超声波法）对黄褐天幕毛虫防治效果较好：10倍、20倍、40倍稀释液的校正死亡率分别为93.02％、80.23％、60.47％，测得豚草粗提物对3龄黄褐天幕毛虫的LC_{50}为1 048.7 mg/L。

（二）杀菌剂

豚草在入侵过程中对生态环境适应能力极强，入侵农田后，相比农作物生长能力更加旺盛，对同样的农田病虫害，表现出更强的抵抗性。当病原微生物侵染该植物产生病害，该植物次生代谢产物表现出抑菌活性。

Kaklyugin等（2003）证实豚草的提取物对根结线虫、互隔交链孢霉、长蠕孢菌和叶锈菌等都有抑制作用。Quinones等（2004）的研究表明，豚草中某些物质抑制病毒的增长。Solujic等（2008）测得豚草花粉粗提物对10种细菌生长具有很强的抑制活性。王娟等（2010）阐述了豚草粗提物对植物病原菌显示了很强的抑菌活性，其豚草石油醚、乙酸乙酯、正己烷、乙醇提取液对小麦赤霉病菌、柑橘炭疽病菌、油菜菌核病菌和辣椒白绢病菌4种植物病原真菌的抑制活性结果表明：不同溶剂提取物的抑菌活性存在差异，其中乙酸乙酯提取液的抑制效果最好，在浸提液浓度为4 mg/mL时，抑制作用都在75%以上，特别是对小麦赤霉病菌的抑制作用为100%（抑制活性顺序为小麦赤霉病菌＞油菜菌核病菌＞柑橘炭疽病菌＞辣椒白绢病菌）。乙醇和正己烷的提取液抑制效果分别在50%和40%左右，而石油醚的抑制效果最差，均在30%左右。

将豚草提取物稀释后或与农药、化肥组合后直接喷洒于水稻上或移栽时秧苗沾根，豚草提取物能减轻潜根线虫对水稻的危害，达到增产增收的目的（金晨钟等，2013）。张国财等（2015）发明了一种豚草植物源微胶囊制剂。按质量包括如下组分及含量：豚草提取物1%～4%、囊壁材料0.25%～1%、表面活性剂5%～12.5%、溶剂11.25%～45%、非溶剂5%～20%、固化剂1.5%～6%、去离子水加至100%。通过将豚草提取物与溶剂和表面活性剂混合,制成悬浮液,在剪切条件下,在悬浮液中依次加入囊壁材料、非溶剂、固化剂,余量用去离子水补足,材料在油水界面发生反应,形成囊壁,制成豚草植物源微胶囊制剂。该制剂可有效保持药效和活性,提高防治效果,能防治森林害虫如分月扇舟蛾、美国白蛾、天幕毛虫。

(三)杀螺剂

豚草甲醇提取物处理福寿螺幼螺72 h时,LC_{50}值为194.0 mg/L,说明急性毒杀活性并不高,亚致死效应表现为螺重、螺长、螺宽和产卵量均下降;向田间投放豚草干粉20 kg/667 m²、15 kg/667 m²对福寿螺的防治效果最好,福寿螺的校正死亡率达到90%以上,并且都未见福寿螺卵块,对福寿螺产卵量抑制率为100%;从豚草地上部分中分离鉴定了21个化合物,倍半萜类化合物是豚草的主要化学成分;确定豚草中毒杀福寿螺的主要成分为psilostachyin(12)和psilostachyin B(11),这两个活性成分处理福寿螺24 h,LC_{50}值分别为15.9 mg/L和27.0 mg/L(黄蕊,2015)。浓度为50 g/L和100 g/L豚草花序浸泡液处理

24 h时，螺的死亡率达到50％以上，处理72 h时螺的死亡率达到100％；浓度为12.5 g/L浸泡液处理96 h时，螺的死亡率高达90％；当豚草花序浸泡液浓度高于12.5 g/L时，螺不会沿着瓶壁向上爬，随着浓度和时间的增加，螺的死亡率增加（徐庆宣等，2009）。豚草籽提取液浓度在0.5 g/L以上具有迅速抑制钉螺上爬和毒杀效果，处理72 h钉螺死亡率达100％（汪平姚等，2006）。

章家恩等（2012）发明了利用豚草粉末灭杀福寿螺的方法。豚草粉末一次性直接投加于含有福寿螺的水体，用量为2～20 g/L，适用于福寿螺的分布密度不超过80只/m² 左右的稻田，对福寿螺有很好的灭杀效果。

二、用于医药

豚草中分离得到的一些化合物，对于某些人类疾病的治愈同样具有活性。美洲豚草在民间被用于治疗风湿性关节炎，其乙醇提取物具有消炎活性（陈宏宾等，1995）；豚草70％的植物水丙酮提取液具有一定的抗氧化活性；豚草有抑制凝血酶活性、保肝和降血胆固醇等作用（黄蕊等，2013）。

豚草中分离出的dihyroparthenolide和psilostadhin对人的鼻咽癌的培养细胞有抑制作用（Bianchi E et al.，1968）；Thiarubrine-A可以杀死实体肿瘤上的癌细胞（Quinones et al.，2003）；豚草中的脉草素对小鼠淋巴细胞白血病有抑制作用，在35 mg/kg、22 mg/kg、14 mg/kg和9.6 mg/kg剂量时，其T/C值分别为180%、158%、130%和132%，白细胞显著高于对照组（高震等，1990）；豚草属另一种$A.ambrosiordes$的茎叶含二氢豚草酸和二氢豚草素，对人体鼻咽癌细胞有细胞毒活性，前者ED_{50}大于100 μg/mL，后者为0.32 μg/mL（高震等，1990）。

三、吸附重金属

王欣若等（2017）发明了一种土壤重金属污染修复方法。在重金属污染的荒芜土地上种植豚草；在豚草开花期开始前的时间段内，对豚草依次进行收割、转移、焚烧和提取重金属。该发明利用豚草修复重金属污染土壤，豚草在生长期和分枝期生长较快，对土壤中的重金属污染具有较强的吸附作用和富集作用；并且，豚草自身具有生长迅速、生物量大、适应性强、成本低廉、分布广泛等特点，能够将土壤中的铅、镉等大量转移至植株体内，特别是地上部分，在开花期之前人工收获转移，进行焚烧后提取重金属，从而修复铅、镉等土壤污染，为植物修复重金属土壤以及外来入侵植物的有效利用提供更高的经济价值和生态环境价值。

严致迪（2014）发明了一种三裂叶豚草改性吸附剂。该吸附剂的制备方法是选取三裂叶豚草，把根去除掉后用蒸馏水清洗，再放入烘箱中烘干至恒重；经过研磨、过筛工艺后，与甲醛-H_2SO_4溶液水浴锅加热回流；回流1～2 h后，调节pH、抽滤、干燥；将干燥粉末加入柠檬酸钠溶液充分反应，再次抽滤，除去溶液，滤渣干燥即得一种三裂叶豚草改性吸附剂，可用于废水处理。

胡茂盛（2007）研究了三裂叶豚草作为新型生物吸附剂原料的可能性。试验结果显示，三裂叶豚草的根、茎、叶、花蕾4个部位对Cu^{2+}都具有较强的吸附作用，且吸附能力的顺序为叶＞花蕾＞茎＞根；三裂叶豚草对Cu^{2+}的吸附速度快，吸附40 min基本上能够达到吸附平衡，吸附率达到89.77％，相应单位吸附率为3.59 mg/g，此后随着吸附时间的增加，吸附率变化较小；当[三裂叶豚草]∶[Cu^{2+}] = 1.25 g/L∶50 mg/L=25∶1时，假苍耳对Cu^{2+}平均吸附率为89.91％，单位吸附率为3.59 mg/g；含铜污水经生物吸附中试处理后，Cu^{2+}浓度由起始的50 mg/L，降为0.045 mg/L，达到了饮用水1 mg/L的国家标准。

第七节　综合防控技术

按照分区施策、分类治理的策略，利用检疫、农业、物理、化学和生态措施控制普通豚草与三裂叶豚草的发生危害。针对发生区、未发生区、不同生境、不同危害程度发生的普通豚草和三裂叶豚草应有所差别，应采取不同的防治模式（图6-4）。同时，在普通豚草和三裂叶豚草的适生区加强对农户、牧民的培训宣传，让他们能了解两种豚草的危害，能正确识别两种豚草（图6-5）。

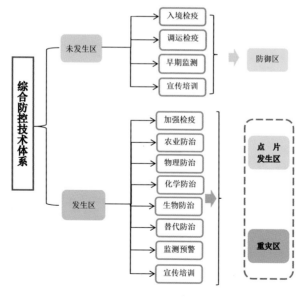

图6-4　普通豚草和三裂叶豚草的综合防控技术体系

图6-5　普通豚草和三裂叶豚草宣传培训

一、农田

1. **农田内** 作物种植前可深翻土壤，减少普通豚草和三裂叶豚草种子的萌发。

普通豚草和三裂叶豚草轻度发生时，可采取人工拔除或机械铲除。

普通豚草和三裂叶豚草中度或重度发生时，根据农田作物种类，选择适合的除草剂喷施防除，农田内普通豚草和三裂叶豚草化学防除药剂的选择及施用方法见表6-2、表6-3。

2. **农田周边** 普通豚草和三裂叶豚草轻度发生时，可采取物理防治。

普通豚草和三裂叶豚草中度或重度发生时，可在普通豚草或三裂叶豚草苗期采用化学除草剂对靶喷雾。如适合种植替代植物、选择适合生境的替代植物种植或种植隔离植物，隔离带宽至少60 cm。

二、荒地

在普通豚草和三裂叶豚草出苗后，可施用标靶化学除草剂进行防除。既能防治普通豚草或三裂叶豚草，又可保护本地禾本科杂草。

如适合种植替代植物，在普通豚草或三裂叶豚草苗期，采用化学除草剂对靶喷雾。喷药2 d后，适当松土，选择适合生境的替代植物种植。

三、林地、果园

普通豚草和三裂叶豚草轻度发生时，可采取物理防治、人工拔除或机械铲除。

普通豚草和三裂叶豚草中度或重度发生时，可施用标靶化学除草剂进行防除。施用氨氯吡啶酸，需选择无风天气，并避开杨树等敏感植物，喷药时加防护罩。

适合种植替代植物的地区可在苗期采用草甘膦对靶喷雾，选择适合生境的替代植物种植。

四、沟渠、河坡

普通豚草和三裂叶豚草轻度发生时，可采取物理防治、人工拔除或机械铲除。

普通豚草和三裂叶豚草中度或重度发生时，可施用标靶化学除草剂定向喷雾。喷雾时，选择无风天气，并加防护罩。

适合种植替代植物的地区，可在苗期采用草甘膦对靶喷雾。喷药2 d后，适当松土，选择适合生境的替代植物种植。

如水源用作饮用、养殖或灌溉等，尽量采用物理防治及替代控制，慎用化学防治。

五、路边

普通豚草和三裂叶豚草轻度发生时，可采取物理防治、人工拔除或机械铲除。

普通豚草和三裂叶豚草中度或重度发生时，采用标靶化学除草剂定向喷雾。喷雾时，选择无风天气，并加防护罩。

适合种植替代植物的地区可在苗期采用草甘膦对靶喷雾。喷药2d后，适当松土，选择适合生境的替代植物种植。

附　录

附录1　豚草属检疫鉴定方法

根据《豚草属检疫鉴定方法》(GB/T 36839—2018)改写。

一、范围

本方法规定了豚草属(*Ambrosia* L.)实验室检测及其形态特征的检疫鉴定方法。

本方法适用于豚草属植株和种子的检疫鉴定。

二、术语和定义

1.根蘖植物(root sucker plant)　根下常生出许多不定芽，这些不定芽可以长成幼枝条进行繁殖的植物。

2.总状花序(raceme)　花轴不分枝，较长，轴上自下而上依次着生许多有柄小花，各小花花柄等长，开花顺序由下而上的花序。

3. 总苞（involucre）　包围花或花簇基部的一轮苞片。

注：总苞是花序基部由多枚苞叶集合而成的一种叶性器官。菊科豚草属具有雄花序总苞和雌花序总苞。雌花序总苞结实、顶端闭合。

4. 瘦果（achene）　由1个、2个或3个心皮构成的小型闭果。

注：内含1粒种子的不开裂干燥果实，果皮与种皮分离，种子仅在一点与子房壁相连。菊科植物的果实大多数是由2个心皮构成的。

三、基本信息

学名：*Ambrosia* L.。

英文名：Ragweed。

分类地位：隶属菊科（Compositae.）管状花亚科（Carduoideae Kitam.）向日葵族（Trib. Heliantheae Cass.）。

其他信息：豚草属（*Ambrosia* L.），一年生或多年生草本或灌木，雌雄同株。豚草属在检疫中较常见的主要种类有：普通豚草（*A.artemisiifolia* L.）、三裂叶豚草（*A. trifida* L.）、多年生豚草（*A.pailostachya* L.）、地中海豚草（*A.maritima* L.）、双齿叶豚草（*A.bidentata* Michx.）、绵毛豚草[*A.grayi*（A.Nelson）Shinnes]等。

豚草属主要种类形态特征分种检索表如下。

豚草属（*Ambrosia* L.）主要种类形态特征分种检索表

1. 灌木 ……………………………………………… 2

2. 叶片裂片或丝状分裂，宽 0.5 ～ 1.5 mm；总苞具 5 ～ 20 个棘状突起 …………………… 3

3. 总苞棘状突起大多围绕在近顶端，棘长 2.0 ～ 3.0 mm，宽 1.0 ～ 2.0 mm ……………… …………………………………………… *Ambrosia monogyra*

3. 总苞棘状突起大多分散四周，棘长 3.0 ～ 6.0 mm，宽 2.0 ～ 8.0 mm ……… *A.salsola*

2. 叶片卵形、卵状三角形、椭圆形、披针形、菱形或三角形；总苞具 8 ～ 30 个棘状突起 …… 4

4. 叶片绿色，较少毛或叶背具硬毛 ……… 5

5. 叶柄长 1.0 ～ 2.0 mm，叶片椭圆形或卵圆形，边缘具齿状刺……………………… *A.ilicfolia*

5. 叶柄长 10 ～ 35 mm，叶片披针状或狭三角形，边缘具粗齿，无刺…………… *A. ambrosioides*

4. 叶片常灰色、灰白色或白色。具柔毛或被微绒毛…………………………………………… 6

6. 叶片 1 ～ 3 回羽状裂叶；雌花序着生处常与雄花序混生………………………… *A.dumosa*

6. 叶片不具羽状分裂；雌花序靠近雄花序

……………………………………………………… 7

7. 叶片椭圆形、线状披针形或菱形，边缘具不规则的锯齿；雌花序具1朵小花；总苞具浓密的绒毛和具柄的腺毛…………… *A.eriocentra*

7. 叶片卵状三角形、卵形或线状披针形；雌花序具1～3朵小花；总苞被柔毛或具柄腺毛…8

8. 叶片基部心形或截平，叶背包括叶脉被浓密柔毛…………………………… *A.cordifolia*

8. 叶片基部楔形或截平，叶背被绒毛，大多位于叶脉间……………………………… 9

9. 叶片卵形或卵状三角形；总苞常被微绒毛
………………………………… *A.chenopodiifolia*

9. 叶片三角形或披针状三角形，总苞常具柄腺毛…………………………*A.deltoidea*

1. 一年生、多年生草本或半灌木（通常具地下茎）………………………………… 10

10. 一年生草本 ………………………… 11

11. 叶互生，2回羽状深裂 …………………
………………… 地中海豚草*A.maritima*

11. 叶对生，或兼对生与互生 …………… 12

12. 叶片大多对生，叶片具掌状裂，部分3～5裂，总苞长6.0～10.0 mm，中央具有圆锥状长喙，周围有 5 ～ 7 个棘状突起，较锐，向上斜伸，并沿总苞表面下延成纵肋…………………
………………………………… 三裂叶豚草 *A.trifida*

12. 叶片大多对生，叶片基部具 1 ～ 4 个裂片或无…………………………………… 13

13. 叶片仅基部具 1 ～ 4 个裂片或无；雌花序花梗长 0.5 mm，或无；总苞长 5.0 ～ 8.0 mm ……
………………………… 双齿叶豚草 *A.bidentata*

13. 叶片大多 1 ～ 2 回羽状分裂；雌花序梗无，或较短；总苞长 2.0 ～ 5.0 mm………… 14

14. 雄性花序的总苞直径 2.0 ～ 7.0 mm，每个总苞常具 1 ～ 5 条黑色脉纹；总苞纺锤状、倒金字塔形，3.0 ～ 5.0 mm，具 8 ～ 18 个棘状突起，2.0 ～ 5.0 mm………… 蒺藜豚草 *A.acanthicarpa*

14. 雄性花序的总苞直径 2.0 ～ 3.0 mm，每个总苞常无黑色脉纹；总苞近球形或倒卵形，2.0 ～ 4.0 mm，中央具有圆锥状长喙，周围有棘状突起或瘤状突起 4 ～ 6 个，长 0.1 ～ 0.5 mm，突起下方沿总苞表面有时具隆起的有纵肋…………
………………………… 普通豚草 *A.artemisiifolia*

10. 多年生或半灌木 ………………… 15

15. 茎秆俯卧或匍匐 ………………… 16

16. 雄性花序总苞直径2.0 ~ 3.0 mm；总苞梨形，直径1.0 ~ 2.0 mm，棘状突起或瘤状突起0 ~ 5个，长0.1 ~ 0.5 mm ············· *A.hispida*

16. 雄性花序总苞直径4.0 ~ 6.0 mm；总苞纺锤形、梨形，直径4.0 ~ 7.0 mm，棘状突起8 ~ 16个，长0.5 ~ 1.5 mm········ *Ambrosia chamissonis*

15. 茎秆直立 ································· 17

17. 叶片1 ~ 3回羽状分裂，叶片椭圆形、披针状椭圆形，长50 ~ 80 mm，宽12 ~ 50 mm，叶背面具浓密柔毛·········· 刺苞豚草 *A.tomentosa*

17. 叶片通常1 ~ 3回羽状分裂或无 ······ 18

18. 叶片通常1 ~ 2回不规则羽状分裂，大多披针形、线形、卵状披针形，有锯齿，长45 ~ 100 mm，宽35 ~ 75 mm；雄性花序总苞杯状蝶形，直径3.5 ~ 5.0 mm·························
···································· 绵毛豚草 *A.grayi*

18. 叶片通常1 ~ 2回不规则羽状分裂或无，叶片椭圆形、披针状、倒披针形或卵形，长20 ~ 100 mm，宽35 ~ 45（~ 75）mm；叶背具浓密的柔毛或硬毛···················· 19

19. 叶片无叶柄，叶片披针形、披针状椭圆形、披针状长方形或倒披针形，长20 ~ 70 mm，极少羽状分裂，雄性花序总苞杯状……………

……………………………………… *A.cheiranthifolia*

19. 叶柄10～45 mm，叶片卵状三角形、椭

圆形，45～100 mm，常1～2回羽状分裂 … 20

20. 总苞具棘状突起1～13个，棘锥形，顶

端具钩状……………………………………… 21

21. 叶片大多线形，部分1回羽状分裂，裂片

披针形至线形；雄性花蕊总苞直径4.0～6.0 mm

……………………………………… *A.linearis*

21. 叶片披针形、椭圆形，2～4回不规则羽

状分裂，裂片披针状至线形，叶被具短糙毛，有

腺点；雄性花蕊总苞直径1.5～3.0 mm…………

……………………………… 密花豚草*A.confertiflora*

20. 总苞具棘状突起或瘤状突起0～6个，棘

坚硬、圆锥状，顶端直……………………… 22

22. 叶片卵状三角形、椭圆形，长15～

75 mm，宽12～45 mm，具细长裂片，1～3回

羽状分裂；总苞纺锤状，2.0～2.5 mm，被硬毛

……………………………………… *A.pumila*

22. 叶片卵状三角形、椭圆形，长20～140 mm，

宽8.0～50.0 mm，羽状锯齿或1回羽状分裂；总

苞倒卵形，2.0～3.0 mm，被稀毛，总苞顶端中

央具有圆锥状短喙，周围无棘状突起，或很小

······················· 多年生豚草*A.psilostachya*

分布：豚草属的大多种类主要分布于美洲的北部、中部和南部。其中，普通豚草、三裂叶豚草现已分布亚洲、非洲、欧洲、美洲、大洋洲的大部分国家和地区；多年生豚草、地中海豚草现已分布于亚洲、非洲、欧洲、美洲、大洋洲的一些国家和地区。

四、方法原理

将现场采集和实验室检测中发现的疑似豚草属的植株或籽实，通过肉眼、放大镜或体视显微镜观察。根据本方法描述的形态特征等信息，按照系统分类学方法进行鉴定。

五、仪器和器具

（一）仪器

体视显微镜（带目测微尺）、电子天平、孔筛。

（二）器具

放大镜、解剖刀、解剖针、镊子、指形管、培养皿、白瓷盘、样品袋、标本夹、标签、记录纸、标本瓶、标本盒。

六、现场监测采集

在现场检疫监测时，根据豚草属鉴定特征进行查看，对发现的疑似植株，应拍摄照片，并采集植株样

本送实验室检验。送检植株样本应尽量保持完整，形态学特征完好。

七、实验室检验与鉴定

（一）样品检测

1. 植株样本　用肉眼或借助放大镜、体视显微镜观察疑似植株的形态特征。

2. 原粮和种子

（1）样品制备。将现场检疫抽取的复合样品充分混匀。制成平均样品。采用四分法，取平均样品的1/2～3/4（较少样品时）作为试验样品，其余的作为保存样品贴标签保存，称取重量并记录试验样品的质量。送检样品不足1 kg的全检。

（2）过筛检验。根据试验样品个体的大小确定套筛的规格，按照孔径从大到小依次套上规格筛，并加上筛底，将试验样品倒入最上层的规格筛内，盖上筛盖。以回旋法过筛，或用电动震筛机震筛，使样品充分分离。把过筛的筛上物和筛下物分别倒入白瓷盘内，用镊子挑捡杂草籽，并放置于培养皿内，待镜检。试验样品个体大于豚草属总苞、瘦果的主要检查筛下物；试验样品个体小于豚草属总苞、瘦果的主要检查筛上物。

3. 原羊毛、棉花等纤维类　将原羊毛、棉花等纤维类样品放在白瓷盘中展开检查，将混杂在纤维类样品中的疑似豚草属籽实挑出，待镜检。

4. 集装箱残留物　将集装箱内清理的残留物倒入白瓷盘内。摊平检查，将疑似豚草属的籽实挑出，待镜检。

（二）鉴定方法

1. 目测鉴定　用肉眼或借助放大镜将检出的杂草进行分类。挑出疑似豚草属植株、总苞和瘦果。

2. 镜检鉴定

（1）直接观察。将疑似杂草籽置于体视显微镜下，观察其总苞、瘦果、种子表面的形态特征，并依据豚草属形态特征对疑似杂草籽进行种类鉴定。

（2）解剖观察。当籽实表面形态特征模糊、从外观上难以鉴别时，可采用解剖刀和解剖针进行解剖与镜检。观察籽实横切面、种子胚和胚乳的形状、颜色及大小等特征，并进行分类鉴定。

八、鉴定特征

（一）豚草属 *Ambrosia* L. 的主要形态特征

1. 根　主根直，须根多数；有横向生长的地下茎，或根系发达，根上密生幼芽，可形成新的植株，有的为根蘖植物。

2. 茎　茎直立，多分枝，茎上有细沟及白毛，粗糙，茎高 1.5～3.0 m。

3. 叶　叶互生或对生、全缘或淡裂，或 1～2 回羽状裂，或 2～4 回不规则羽状裂。

4. 花序　头状花序小、单性，雌雄同株。雄状花序多花，无花序梗或有短花序梗，在枝端密集排列成无叶的穗状或总状花序，雄花序总苞合生成宽半球形或碟状，顶端开口，具总苞片 5～12 个，基部结合；花冠整齐，花冠管极短，顶端 5 齿裂；花药近离生，基部钝而近全缘，上端有披针形具内屈尖端的附片，花柱不裂，顶端膨大呈画笔状。雌头状花序无花序梗，单生，或 2～3 朵聚生于雄花序下方，或枝的上部叶腋内密集呈团伞状，有 1 个无被能育的雌花；花冠通常不存在；花柱 2 深裂，上端自总苞的喙部外露伸出；总苞有结合的总苞片，闭合，结实。豚草属花序特征见附图 1-1。

5. 总苞　总苞卵形、倒卵形、长倒卵形、纺锤形、球形或近球形；顶端闭合、突起、大多呈圆锥形的喙；周围有多个瘤和棘状、刺状突起，或小或不明显。突起下方沿总苞表面有时具隆起的纵肋，与突起同数或略少；总苞黄白色、浅灰褐色、黄褐色至褐色，有时带比总苞颜色较深的斑，有时具不规则网纹或皱纹；总苞 1 室，内含瘦果 1 粒。豚草属总苞特征见附图 1-2。

雄花序——

雌花序——

喙
棘

附图1-1 豚草属花序特征　　　附图1-2 豚草属总苞特征

6. 瘦果　瘦果不开裂，无冠毛；卵形，倒卵形，长倒卵形，纺锤形；灰色、黄褐色、褐色至棕褐色，表面较光滑，埋藏在坚硬的总苞中，内含种子1粒。

7. 种子　种子无胚乳，胚大、直生。

（二）普通豚草（艾叶破布草）A. artemisii folia

1. 形态特征

1. 植株　一年生草本。主根直，无根草茎；茎直立，植株高20～180 cm，有时可达250 cm；多分枝，茎上有细沟及白毛，粗糙；单叶，下部叶对生，2回羽状深裂，裂片狭小，长圆形至倒披针形，全缘，有明显的中脉，上面深绿色，被细短伏毛或近无毛，背面灰绿色，被密短糙毛；上部叶常互生，无柄，羽状分裂；羽状叶裂片的前端稍钝，叶质较薄，窄卵圆形至广卵圆形或椭圆形，长5～10 cm。普通豚草植株特征见附图1-3。

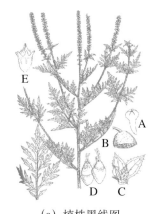

（a）植株墨线图

（引自长田武正，1976）

A.雄花　B.雄头状花序

C.苞叶中雌头状花序

D.雌花总苞　E.瘦果

（b）幼苗

（c）植株

（d）植株与生境

附图1-3　普通豚草植株特征

2. 花序 头状花序小，单性；雄头状花序生于上部，具短梗，下垂，在枝端密集成总状花序，5～20朵，直径4.0～5.0 mm，雄头状花序的总苞宽半球状或碟形，总苞片结合，无肋，边缘具波状圆齿，稍被短糙毛，花托具刚毛状托片，花冠淡黄色；雌头状化序无花序梗，在雄头花序下面或在下部叶腋单生，或2～3个密集呈团伞状，有1个无被能育的雌花。总苞闭合，具结合的总苞片，倒卵形或卵状长圆形，长4.0～5.0 mm，宽约2.0 mm，顶端有围裹花柱的圆锥状喙部。普通豚草花序特征见附图1-4。

(a) 叶腋内雌花序　　　　　　　(b) 雄花序

附图1-4 普通豚草花序特征

3. 总苞 总苞倒卵形或卵状长圆形，长2.0～4.0 mm，直径为1.6～2.4 mm，表面浅灰褐色、黄褐色至褐色，有时带黑褐色的斑，有网状纹；顶端中央有一圆锥形的长喙，总苞上部周围有4～6个刺棘状突起，长0.1～0.5 mm，突起下方沿总苞表面下延成隆起的纵肋；总苞1室，内含瘦果1粒。普通豚草总苞特征见附图1-5。

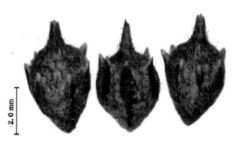

附图1-5　普通豚草总苞特征

4. 瘦果　瘦果不开裂，无冠毛，倒卵形，黄褐色、褐色至棕褐色。表面较光滑，内含种子1粒。普通豚草瘦果特征见附图1-6。

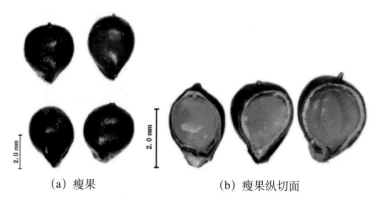

（a）瘦果　　　　　　（b）瘦果纵切面

附图1-6　普通豚草瘦果特征

5. 种子　种子灰白色、淡黄色或黄白色，倒卵形，表面有稀少的纵脉纹，种子无胚乳，胚大，直生。普通豚草种子特征见附图1-7。

附图1-7　普通豚草种子特征

（三）三裂叶豚草（大破布草）*A. artifida* L. 形态特征

1. 植株　一年生草本。茎秆直立，植株高2.0～3.5 m，上部分枝，粗大，粗糙，上部茎上有细沟及开展的白毛，下部往往无毛或脱落。单叶对生，有时互生，具叶柄，下部叶掌状，大多3裂，部分5裂，边缘有锯齿；上部叶3裂至不分裂；裂片卵状披针形或披针形，顶端急尖或渐尖，边缘有锐锯齿，基出脉，粗糙，上面深绿色，背面灰绿色，两面被短毛；叶柄长2～3.5 cm。叶呈广椭圆形、卵圆形或近圆形，有时呈披针形，叶片长约20 cm。三裂叶豚草植株特征见附图1-8。

（a）植株墨线图

（引自长田武正，1976）

A.雄头状花序　B.雌头状花序（带苞叶）
C.部分柱头（镜检）　D.雌花总苞
E.瘦果横切面　F.花粉粒（镜检）
G.瘦果

（c）幼苗

（d）茎秆

（b）植株

附图1-8　三裂叶豚草植株特征

2.花序   头状花序小，单性；雄头状花序生于上部，多数，圆形，直径5.0 mm，有长2.0 ～ 3.0 mm的细花序梗，下垂，在枝端密集排列成较长的总状花序，长约30 cm，雄花序总苞有3肋，杯状蝶形，总苞片结合，外面有3肋，边缘有圆齿，被疏短糙毛；雌头状花序在雄头状花序下面上部的叶状苞叶的腋部2 ～ 3朵聚集呈团伞状，有一个无被能育的雌花。雌花直径2.0 ～ 4.0 mm，花无柄，花托裸露；花柱2深裂，丝状，上端伸出总苞的喙部之外。三裂叶豚草花序特征见附图1-9。

(a) 叶腋内雌花序

(b) 雄花序

附图1-9 三裂叶豚草花序特征

3. 总苞 总苞倒卵形，长6.0～10.0 mm，直径
3.0～7.0 mm，呈黄白色、黄褐色、淡灰褐色至黑渴
色，表面光滑，顶端中央有一圆锥状的长喙，喙长
2.0～4.0 mm，总苞上部周围通常有5～7个棘状突
起，较锐，向上斜伸，并沿总苞表面下延成隆起纵肋，
与突起同数或略少；总苞1室，内含瘦果1枚。三裂叶
豚草总苞特征见附图1-10。

附图1-10 三裂叶豚草总苞特征

4. 瘦果　瘦果不开裂，倒卵形至长倒卵形，果皮较薄，灰色、褐色或灰褐色，表面光滑，稍有光泽；瘦果内含种子1粒。三裂叶豚草瘦果特征见附图1-11。

5. 种子　种子倒卵形至长倒卵形。种皮灰白色或淡黄褐色，表面有白色或颜色略深的纵脉纹。种子无胚乳，胚大，直生。三裂叶豚草种子特征见附图1-12。

附图1-11　三裂叶豚草瘦果特征　　附图1-12　三裂叶豚草种子特征

（四）多年生豚草A．psilostachya DC.形态特征

1. 植株　多年生根蘖植物，根系发达，有横向生长的地下根茎，根茎上密生幼芽，可形成新的植株；茎秆直立，植株高30～150 cm，粗糙，通常为绿色，上部有分枝，分枝不再生小枝，茎上有细的白毛；叶片下部片对生，上部叶常互生；叶窄，卵状三角形、椭圆形，长20～140 mm，宽8.0～50 mm，羽状锯齿或1回羽状分裂，裂片的前端稍呈尖状，叶质较厚，叶面有短且硬的毛，较粗糙；叶背面被密集的短毛，呈稍白色。多年生豚草植株特征见附图1-13。

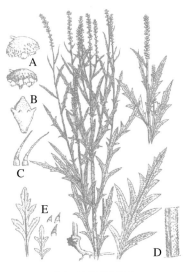

（a）植株墨线图

（引自长田武正，1976）

A.雄花　B.瘦果
C.叶面上的毛（镜检）　D.茎秆
E.叶片与其表面的毛（镜检）

（b）植株标本

（c）植株

附图1-13　多年生豚草植
株特征

2. 花序　头状花序小，单性；雄头状花序生于枝头，多数，在花轴上排列组成较为紧密的总状花序，总苞宽半球状，基部结合，上普遍长有较硬的毛；雌花序单个生于雄花序下部的叶腋内，总苞内有一花；花无柄，花托裸露；花柱2深裂，丝状，上端伸出总苞的喙部之外。多年生豚草花序特征见附图1-14。

（a）雄花序　　　　　　　　（b）雌花序

附图1-14　多年生豚草花序特征

3. 总苞　总苞倒卵形，2.0～3.0 mm，直径2.0～2.5 mm，顶端中央具有圆锥状短喙，喙长0.6～0.7 mm，周围无短棘状突起，或很小，突起下方总苞表面无纵肋或略显3～6条圆肋；表面浅褐色至褐色，有时带黑褐色斑纹，有不规则皱纹，无毛或有白色短毛；总苞1室，内含瘦果1枚。多年生豚草总苞特征见附图1-15。

4. 瘦果　瘦果倒卵形，不开裂，内含种子1粒。

附图1-15　多年生豚草总苞特征

（五）地中海豚草 *A. maritima* L. 形态特征

1. 植株　一年生草本。茎秆直立，植株高40～120 cm，多分枝，芳香，茎上具长柔毛；叶互生，叶片卵形，2回羽状深裂，长3～13 cm，宽1.5～7.0 cm，裂片顶端较钝，边缘有圆锯齿，两面被柔毛，叶背面具较密的柔毛；有叶柄，长1～5 cm。地中海豚草植株特征见附图1-16。

（a）植株墨线图　　　　　　（b）植株与生境

（引自 Aniyere，1994）

(c) 茎秆与互生叶 （d）植株

附图 1-16 地中海豚草植株特征

2. 花序 头状花序小，单性；雄头状花序顶生，多数，在枝端排列成较长的总状花序，长 13 cm，总苞直径 5.0 mm，小花 15 ～ 20 朵，白色，钟形，长 2.0 ～ 2.5 mm，近无梗；雌头状花序无花序梗，簇生在雄花序下面的叶腋内，内有小花数朵，密集呈团伞状。地中海豚草花序特征见附图 1-17。

（a）雄花序 （b）雌花序

附图 1-17 地中海豚草花序特征

3. 总苞 总苞卵圆状陀螺形，长5.0～6.0 mm，直径3.5～4.5 mm，顶端中央具有圆锥状短喙，周围散生4～5个棘状突起，向上斜伸，刺长约2 mm，棘状突起下沿总苞表面下延成纵肋，总苞外有硬毛。地中海豚草总苞特征见附图1-18。

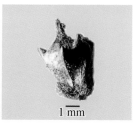

1 mm

附图1-18　地中海豚草总苞特征

（六）双齿叶豚草A.bidentate Michx.形态特征

1. 植株 一年生草木。茎直立，株高10～30 cm，全株被长硬毛；叶通常对生，上部有的互生，无柄或具长达0.5 mm的短叶柄，叶片披针形至线状披针形，长15～40 mm，宽3.0～6.0 mm，基部圆形至心形，边缘全缘或基部1～2裂或4分裂。两面具短硬毛和腺点。叶背中脉明显外凸。双齿叶豚草植株特征见附图1-19。

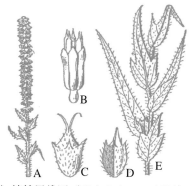

（a）植株墨线图（引自Aniyere，1994)
A.雄花序　B.带苞片雌花序（镜检）
C.雌花总苞（镜检）　D.总苞（镜检）
E.叶片与叶腋内的雌花序

（b）植株

(c) 茎秆 　　　　　　(d) 叶片

附图1-19　双齿叶豚草植株特征

2. 花序　头状花序小，单性；雄头状花序在枝端密集排列成圆柱形的穗状或总状花序，总苞为杯状，直径2.5～4.0 cm，近无柄或具短柄，两侧偏斜，被长硬毛，每个头状花序具有小花6～8枚；雌花序簇生在雄花序下而的叶腋内，每个头状有小花1枚。双齿叶豚草花序特征见附图1-20。

(a) 雄花序 　　　　(b) 叶腋内雌花序

附图1-20　双齿叶豚草花序特征

3. 总苞　总苞卵圆状金字塔形，长 5.0 ～ 8.0 mm，直径 4.0 ～ 6.0 mm，具长硬毛；顶端中央具有长圆锥状的喙，喙长 1.5 ～ 2.0 mm，总苞上部周围有 4 ～ 5 个刺状突起，较锐，斜向上伸出，长 0.5 ～ 1.0 mm，突起下方并沿总苞表面下延成纵肋，肋棱明隆起。双齿叶豚草总苞特征见附图 1-21。

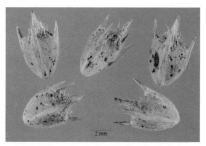

附图 1-21　双齿叶豚草总苞特征

（七）绵毛豚草 A. grayi（A. Nelson）Shinnes 形态特征

1. 植株　多年生草本。茎直立，株高 10 ～ 30 cm；叶多为互生，叶片卵形、椭圆形至披针形，长 45 ～ 100 mm，宽 35 ～ 45 mm，1 ～ 2 回不规则羽状分裂，基部和顶部裂片较大，裂片多少披针形，边缘有锯齿，叶两面银白色，叶背密被短糙毛，叶质厚；叶柄长 10 ～ 45（～ 75）mm，有翼，近叶片处有大小不等的裂片。绵毛豚草植株特征见附图 1-22。

（a）植株与生境　　　　（b）苗期

附图1-22　绵毛豚草植株特征

2．花序　头状花序小，单性；雄头状花序总状穗形，花序梗长1.0～2.0 mm，总苞杯状碟形，被糙伏毛，直径3.5～5.0 mm，5～9裂，裂片不规则，沿中脉有黑色条纹，总苞内有小花8～25枚；雌花序簇生有雄花序下面的叶腋内，内有1～2枚小花。绵毛豚草花序特征见附图1-23。

（a）花序　　　（b）雄花序　　　（c）雌花序

附图1-23　绵毛豚草花序特征

3. 总苞　总苞卵圆状梨形至球形，长 3.0 ～ 7.0 mm，宽 2.0 ～ 4.0 mm，周围散生 2 ～ 3 层、8 ～ 12（～ 15）个针形扁刺状突起，扁刺长 0.5 ～ 1.0 mm，基部较扁，上面锥形，顶端尖，尖端稍弯曲至平直。绵毛豚草总苞特征见附图 1-24。

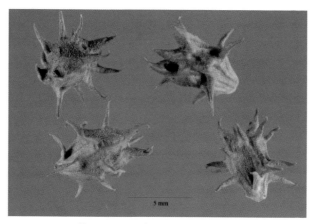

附图 1-24　绵毛豚草总苞特征

（八）豚草属主要种类形态特征区别

豚草属 *Ambrosia* L. 主要种类形态特征区别见附表 1-1。

附表 1-1　豚草属主要种类形态特征区别

植物种类	类型	叶		形状	总苞	
		着生方式	羽裂		大小	刺棘状突起
普通豚草 A.artemisiifolia	一年生草本	下部叶对生，上部叶互生	下部叶2回羽状深裂，上部叶羽状分裂	倒卵形或卵状长圆形	长2.0~4.0 mm 直径1.6~2.4 mm	上部周围有4~6个较细的刺棘状突起，总苞表面下延成隆起的纵肋
三裂叶豚草 A.trifida	一年生草本	叶对生，有时互生，上部具叶柄	下部叶掌状，3~5裂，上部叶3裂至不分裂	倒卵形	长6.0~10.0 mm 直径3.0~7.0 mm	上部周围有5~7个棘状突起、较锐、总苞表面下延成隆起的纵肋
多年生豚草 A.psilostachya	多年生草本	下部叶对生，上部叶常互生	羽状锯齿或1回羽状深裂	倒卵形	长2.0~3.0 mm 直径2.0~2.5 mm	周围无短棘状突起或很小，总苞表面无纵肋或略成隆起的圆肋
地中海豚草 A.Maritima	一年生草本	叶互生	叶2回羽状深裂	卵圆状螺形	长5.0~6.0 mm 直径3.5~4.5 mm	周围散生4~5个刺状突起、总苞表面下延成纵肋
双齿叶豚草 A.identate	一年生草本	叶常对生，上部有的互生	叶基部圆形至心形，边缘全缘或基部1~2裂或4裂	卵圆状金字塔形	长5.0~8.0 mm 直径4.0~6.0 mm	上部周围有4~5个刺状突起、较锐、总苞表面下延成纵肋
绵毛豚草 A.grayi	多年生草本	叶多为互生	叶1~2回不规则羽状分裂	卵圆状裂形至球形	长3.0~7.0 mm 直径2.0~4.0 mm	周围散生，8~12(~15)个针形扁刺状突起

九、结果评定

以豚草属完整的植株或成熟的种子的形态特征为依据,符合本附录第八部分中描述的形态特征的,可鉴定为豚草属*Ambrosia* L.。

十、标本和样品的保存与处理

(一)保存方法

1. 标本保存 将鉴定检出的豚草属植株压制成干标本,将鉴定检出的豚草籽实装入指形管或标本瓶内,加以标识,注明编号、中文名称、学名、产地、商品名称、送检日期,经手人签字后妥善保存。

2. 样品保存 保存样品按编号、中文名称、产地、送检日期分别存放,并由经手人标识确认和样品管理员登记后,妥善保存。

(二)保存时间

含有豚草属籽实的样品,妥善保存至少6个月。

(三)样品处理

保存期满后,含有豚草属籽实的样品应做灭活处理。

附录2 三裂叶豚草疫情监测与综合技术规程

根据《三裂叶豚草疫情监测与综合技术规程》

（DB37/T 1224—2009）改写。

一、范围

本规程规定了三裂叶豚草的疫情监测和综合控制技术。

本规程适用于三裂叶豚草的疫情监测和综合控制。

二、术语和定义

1.综合控制　从农业生态整体出发，根据有害生物与栽培植物、有益生物、耕作制度、环境之间的互作关系，因地制宜、合理地应用农业、生物、物理、化学等技术措施并依靠植物检疫法规，经济有效地控制有害生物，以获得最佳经济效益、社会效益和生态效益。

2.调运检疫　依照国家制定的植物检疫法规，对以各种形式流通调运的植物及植物产品，实施检疫检验和签证。

三、疫情监测

（一）监测时间

从4月初开始至10月底结束，每2周调查1次。

（二）监测区域

1.未发生区　未发生区重点监测奶牛、生猪等畜禽养殖场，粮食储运集散地，进口粮加工厂周边附近以及道路、沟渠、河道等区域。

2.发生区 发生区监测发生疫情区及周边区域，在发生区周边50 m范围进行详细调查，了解记载三裂叶豚草的发生面积、动态和扩散趋势。

（三）调查监测方法

1.访问调查 向当地居民、农技人员和在粮食加工厂、畜禽养殖场的工作人员等询问了解有关三裂叶豚草的信息。对访问过程发现的可疑地点，进行重点调查。

2.普查 结合访问调查，对可疑地点以及其他高风险区域进行实地调查，仔细查找有无类似三裂叶豚草的植物。发现可疑植株进行现场判定或取样进行实验室鉴定，不能确定的送上级农业植物检疫机构鉴定，调查结果填入附表2-1。

附表2-1 三裂叶豚草调查记录表

基础信息		
监测单位：_____	调查日期：___年___月___日	
调查地点：___省（自治区、直辖市）___市（盟）___县（市、区）___乡（镇）___村		
地理位置：E：_____ N：_____ 海拔：_____		
调查人：_____	联系电话：_____	
调查内容		
调查方法	生长环境（农田、沟旁等）	
调查面积（m^2）	发生面积（m^2）	
样本采集编号	初步鉴定结论	

3. 发生面积调查 5月下旬至6月上旬进行一次全面调查，查清三裂叶豚草的发生面积、密度和范围等，调查结果填入附表2-2。

附表2-2 三裂叶豚草调查结果汇总表

调查日期 （年／月／日）	调查地点 [乡（镇）／村]	调查面积 （m²）	发生面积 （m²）	生长密度 （株／m²）

4. 发生动态监测 从4月初至10月底，选择有代表性的区域定点进行系统监测，每2周调查一次，注意雨后调查。做好调查记录，及时掌握疫情。监测结果填入附表2-3。

附表2-3 三裂叶豚草监测记录表

调查时间 （年／月／日）	调查地点 [乡（镇）／村]	生育期	株高 （cm）	生长密度 （株／m²）	发生面积 （m²）	生长环境（农田、沟旁等）	对周边植物发生的影响	调查人

（四）疫情诊断

在监测过程中如发现可疑植株，可根据三裂叶豚草形态监测特征进行现场判定。如不能确定，须采集有关标本、拍照或录像，将标本连同资料送上级农业植物检疫机构鉴定。送检时填写附表2-4。

附表2-4 有害生物样本送检表

送样单位						
通信地址					邮编	
送样人	电话		传真		E-mail	
标本编号	标本类型			标本数量		
采样人		采集地点				
海拔		生长环境			采集方式	
采集场所		处理方式				
危害状描述（或图片）						

（五）标本制作与保存

1. 采集　将采集的三裂叶豚草苗、植株、花序、叶片等部位清洗干净，修剪多余、重叠的枝条。

2. 制作　将标本夹的一扇平放，铺上10～20层吸收性强的纸（草纸或旧报纸），把标本放在纸上，整形，使叶片、花的下面朝上，枝叶展平，疏密适当，再铺上几层吸水纸，按此层层压制，达一定数量后，压上另一扇标本夹，用绳捆紧，置干燥通风处晾晒。

前3 d早晚各更换一次吸水纸，后每天更换一次，定期检查，避免标本发霉。经1周，将标本干燥后压好。

将压好的标本用塑料贴纸贴在硬台纸上，位置要适当，粗厚部分单独固定，在台纸右下角贴上标签，注明标本中文名称、拉丁学名、植株部位、采集时间、地点、采集人等，覆盖透明盖纸，装入标本盒内。

3.保存 用专柜保存标本，按类放好。标本柜要放在干燥处，内置樟脑球，注意检查，避免标本发霉、虫蛀。

（六）监测记录与档案

详细记录、汇总监测调查结果，整理与档案，连同影像资料，妥善保存。

（七）监测报告

县级农业植物检疫机构对监测结果进行整理汇总，形成监测报告，及时报送上级农业植物检疫机构。如发现新的疫情或已发生区域疫情暴发，应立即逐级报告，直至省农业植物检疫机构。

四、综合控制

（一）严格检疫

1.产地检疫 严格产地检疫，及早发现三裂叶豚草并进行清除销毁。

2.调运检疫 定期对植物种子和植物产品经营市

场进行疫情检查，控制无证调运和从疫区调运植物及植物产品。对调入、调出的可能携带检疫对象的植物及植物产品抽样，进行现场检疫检验和室内检疫检验。

（二）化学防治

5月下旬至6月上旬三裂叶豚草出苗高峰期，用草甘膦有效成分75 ～ 100 mL/667 m^2或20％百草枯200 mL/667 m^2进行喷雾，7月上旬用上述药剂进行第二次喷雾。

（三）人工拔除

从5月至8月上旬三裂叶豚草结籽前，结合田间管理拔除田间及地头的三裂叶豚草进行销毁。

主要参考文献

陈浩, 陈利军, Thomas P Albright, 2007. 以豚草为例利用 GIS 和信息理论的方法预测外来入侵物种在中国的潜在分布 [J]. 科学通报 (5): 555-561.

陈红松, 2009. 豚草卷蛾和广聚萤叶甲对豚草的联合控制作用 [D]. 武汉：华中农业大学.

陈红松, 郭建英, 万方浩, 等, 2018. 永州广聚萤叶甲和豚草卷蛾的种群动态及对豚草的控制效果 [J]. 生物安全学报, 27(4): 260-265.

陈贤兴, 何献武, 沈夕良, 等, 2003. 浙江省南鹿岛豚草生物学特性及防除研究 [J]. 河南科学, 21(1): 51-53.

陈新微, 2016. 不同地区菊科入侵植物与本地种光合特性的比较 [D]. 沈阳：沈阳农业大学.

陈永亭, 吴降星, 陆军良, 2006. 豚草的生物学特性及防除 [J]. 安徽农学通报, 12(4): 136.

陈峥, 郭琼霞, 黄可辉, 等, 2008. 豚草植株挥发性成分的 SPME/GC-MS 分析 [J]. 武夷科学, 24(12): 7-12.

初敬华, 2001. 吉林省毛茛科菊科植物某些种分布的新纪录 [J]. 天津师范大学学报(自然科学版), 21(2): 61-62.

褚世海, 万鹏, 丛盛波, 等, 2011. 湖北地区豚草卷蛾发生规律与抗寒性研究[J]. 生物安全学报, 20(4): 314-316.

达良俊, 王晨曦, 田志慧, 等, 2008. 上海佘山地区外来入侵物种三裂叶豚草群落的新分布[J]. 华东师范大学学报(自然科学版)(2): 37-40.

戴凤凤, 周早弘, 何尤刚, 等, 2002. 豚草天敌豚草卷蛾发生规律的初步调查[J]. 江西农业学报, 14(4): 69-72.

邓旭, 2010. 外来物种豚草入侵生态学研究[D]. 长沙: 湖南农业大学.

邓余良, 王云翔, 彭慧, 等, 2003. 豚草的发生与防除技术措施[J]. 植保技术与推广, 23(4): 27-28.

邓贞贞, 赵相健, 赵彩云, 等, 2016. 繁殖体压力对豚草(*Ambrosia artemisiifolia*)定殖和种群维持的影响[J]. 生态学杂志, 35(6): 1511-1515.

邓真, 林轶平, 张总泽, 等, 2015. 长乐口岸进境粮谷疫情截获情况分析[J]. 安徽农业科学, 43(29): 302-303、306.

董合干, 刘彤, 2018. 一种防控三裂叶豚草危害的机械割除技术: 中国, 201811251411.2[P].

董合干, 周明冬, 刘忠权, 等, 2017. 豚草和三裂叶豚草在新疆伊犁河谷的入侵及扩散特征[J]. 干旱区资源与环境, 31(11): 175-180.

董闻达, 1989. 江西豚草分布和生物学的研究[J]. 江西农业大学学报, 11(3): 49-56.

杜淑梅, 姚兴举, 2007. 黑龙江省豚草发生种类、分布及综合防除措施[J]. 中国植保导刊, 27(4): 39-40.

段惠萍, 陈碧莲, 2000. 豚草生物学特性、为害习性及防除策略[J]. 海农业学报, 16(3): 73-77.

冯莉, 岳茂峰, 田兴山, 等, 2012. 豚草在广东的分布及其生长发育特性[J]. 生物安全学报, 21(3): 210-215.

冯莉, 田兴山, 岳茂峰, 等, 2011. 15种除草剂对不同生长时期豚草的防效评价[J]. 中国农学通报, 27(25): 117-120.

甘小泽, 樊丹, 姜达炳, 等, 2005. 豚草化学防治效果的研究[J]. 农业环境科学学报, 24(增刊): 251-253.

关广清, 1985. 豚草和三裂叶豚草的形态特征和变异类型[J]. 沈阳农学院学报, 16(4): 9-17.

关广清, 1990. 三裂叶豚草及其三种变型[J]. 植物检疫, 4(2): 139-143.

关广清, 黄宝华, 1988. 豚草的生物防治[J]. 世界农业(6): 39-40.

关广清, 李素德, 高东昌, 等, 1991. 豚草的剪叶实验研究[J]. 应用生态学报, 2(4): 292-297.

关广清, 高东昌, 崔宏基, 等, 1983. 辽宁省两种豚草的考察初报[J]. 植物检疫(6): 16-18.

关广清, 韩亚光, 尹睿, 等, 1995. 经济植物替代控制豚草的研究[J]. 沈阳农业大学学报(3): 277-283.

郭琼霞, 虞赟, 黄可辉, 2005. 三种检疫性豚草的形态特征研究[J]. 武夷科学, 21(12): 69-71.

韩国君, 2015. 豚草他感作用研究[J]. 湖北农业科学, 54(8): 1873-1875.

郝建华, 金洁洁, 陈国奇, 等, 2015. 恶性入侵植物豚草的繁育系统特性[J]. 生态学报, 35(8): 2516-2520.

黄宝华, 1985. 豚草在国内的分布及危害调查[J]. 植物检疫(1): 62-65.

黄红英, 徐剑, 邹佩, 等, 2010. 豚草不同生长时期土壤动物的群落结构特点[J]. 广东农业科学(10): 165-168.

黄久香, 刘宪宽, 庄雪影, 等, 2012. 广东豚草居群的遗传分化[J]. 广东农业科学(3): 135-138.

黄可辉, 郭琼霞, 刘景苗, 2006. 三裂叶豚草的风险分析[J]. 福建农林大学学报(自然科学版), 35(4): 412-415.

黄蕊, 2015. 豚草提取物对稻田福寿螺的防控效果及其活性成分[D]. 长沙: 湖南农业大学.

黄水金, 陈琼, 陈红松, 等, 2011. 广聚萤叶甲和豚草卷蛾对江西南昌豚草的联合控制作用[J]. 生物安全学报, 20(4): 310-313.

黄水金, 陈琼, 陈红松, 等, 2012. 6种除草剂对豚草的田间防治效

果 [J]. 植物保护, 38(2)：171-174.

季长波, 2008. 草地早熟禾在丹东滨海湿地中对豚草的生物防治 [D]. 大连：大连海事大学.

贾伟, 2010. 入侵菊科植物对根际土壤微生物群落结构的影响 [D]. 福州：福建农林大学.

贾月月, 张晓亚, 闫静, 等, 2015. 3 种入侵菊科植物对入侵域土壤肥力的影响 [J]. 河北大学学报 (自然科学版), 35(5): 494-503.

姜传明, 曲秀春, 刘祥君. 三裂叶豚草的分布、危害和传播特点 [J]. 牡丹江师范学院学报 (自然科学版)(2): 23-24.

金晨钟, 刘桂英, 谭显胜, 2013. 利用豚草提取物减轻潜根线虫对水稻危害的方法: 中国, 201310672819. 8[P].

李建东, 孙备, 郭伟, 2006. 三裂叶豚草种群的空间分布 [J]. 湖北农业科学, 45(5): 608-610.

李建东, 孙备, 王国骄, 等, 2006. 菊芋对三裂叶豚草叶片光合特性的竞争机理 [J]. 沈阳农业大学学报, 37(4): 569-572.

李明, 翟喜海, 宋伟丰, 等, 2014. 外来入侵植物三裂叶豚草的研究进展 [J]. 杂草科学, 32(2): 33-37.

李一农, 陈雪娇, 朱典武, 等. 皇岗口岸首次截获两种危险性豚草 [J]. 深圳特区科技 (2): 48.

梁巧玲, 陆平, 2014. 新疆伊犁河谷发现外来杂草——三裂叶豚草和豚草 [J]. 杂草科学, 32(2): 38-40.

刘景苗, 2005. 豚草属杂草风险分析 [D]. 福州：福建农林大学.

刘静玲, 冯树丹, 慕颖, 1997. 豚草生态学特性及生防对策 [J]. 东北师范大学学报 (自然科学版)(3): 61-67.

刘全儒, 于明, 周云龙, 2002. 北京地区外来入侵植物的初步研究 [J]. 北京师范大学学报 (自然科学版), 38(3): 399-405.

刘心妍, 2007. 豚草属植物入侵生物学几个问题的研究 [D]. 兰州：兰州大学.

刘延, 董合干, 刘彤, 等, 2019. 豚草和三裂叶豚草不同植株部位种子萌发与入侵扩散关系 [J]. 生态学报, 39(24): 9079-9088.

柳晓燕, 李俊生, 赵彩云, 等, 2016. 基于MAXENT模型和Arc GIS预测豚草在中国的潜在适生区 [J]. 植物保护学报, 43(6): 1041-1048.

路秀蓉, 2016. 外来植物三裂叶豚草入侵对土壤线虫群落结构的影响 [D]. 沈阳: 沈阳农业大学.

吕国忠, 杨红, 曲波, 等, 2004. 苍耳柄锈菌三裂叶豚草专化型的超微结构观察 [J]. 菌物研究 (2): 14-16.

孟玲, 李保平, 2005. 新近传入我国大陆取食豚草的广聚萤叶甲 [J]. 中国生物防治, 21(2): 65-69.

曲波, 吕国忠, 杨红, 等, 2012. 一种利用锈菌防治三裂叶豚草的方法: 中国, 201210579559. 5[P].

曲波, 薛晨阳, 许玉凤, 等, 2019. 三裂叶豚草入侵对撂荒农田早春植物群落的影响 [J]. 沈阳农业大学学报, 50(3): 358-364.

沙伟, 周福军, 祖元刚, 1999. 东北地区豚草种群的遗传变异与遗传分化 [J]. 植物研究, 19(4): 452-456.

沙伟, 周福军, 祖元刚, 2000. 不同生境三裂叶豚草种群的遗传结构 [J]. 植物研究, 20(1): 94-98.

邵云玲, 曹伟, 2017. 外来入侵植物豚草在中国东北潜在分布区预测 [J]. 干旱区资源与环境31(7): 172-176.

史彩华, 王福莲, 刘万学, 2009. 保护地豚草昆虫群落结构及动态研究 [J]. 长江大学学报 (自然科学版), 6(4): 13-15.

孙备, 王果骄, 李建东, 等, 2008. 不同菊芋种植比例对三裂叶豚草地上部分生长量的控制效果 [J]. 沈阳农业大学学报, 39(5): 525-529.

孙刚, 房岩, 殷秀琴, 2006. 豚草发生地土壤昆虫群落结构及动态 [J]. 昆虫学报, 49(2): 271-276.

田兴山, 岳茂峰, 冯莉, 等, 2012. 豚草对花生产量性状的影响及其经济阈值 [J]. 中国油料作物学报, 34(3): 300-304.

万方浩, 关广清, 王韧, 1993. 豚草及豚草综合治理 [M]. 北京: 中国科学技术出版社.

万忠成, 王延松, 王姝, 2006. 辽宁省外来入侵种组成及控制体系 [J]. 辽宁城乡环境科技, 26(6): 55-57.

汪平姚, 杨建明, 吴春红, 等, 2006. 豚草籽提取液灭螺效果研究 [J]. 湖北大学学报(自然科学版), 28(2): 202-204.

王大力, 祝心如, 1996a. 三裂叶豚草的化感作用研究[J]. 植物生态 学报, 20(4): 330-337.

王大力, 祝心如, 1996b. 豚草的化感作用研究[J]. 生态学报, 16(1): 11-19.

王国红, 李绍锋, 杨民和, 等, 2018. 越冬条件对豚草种子内生真 菌寿命和种子发芽能力的影响[J]. 江西农业大学学报, 40(6): 1256-1263.

王国骄, 孙备, 李建东, 等, 2014. 外来入侵种三裂叶豚草对不同水 分条件的生理响应[J]. 湖北农业科学, 53(5): 1044-1048.

王娟, 邓旭, 谭济才, 2010. 豚草提取物对4种植物病原真菌的抑制 活性[J]. 杂草科学(4): 34-36.

王娟, 邓旭, 谭济才, 2011. 外来入侵豚草综合治理研究进展[J]. 湖 南农业科学(1): 78-81.

王娟, 吕国忠, 姜华, 等, 2013. 外来入侵物种三裂叶豚草的研究进 展[J]. 安徽农业科学, 41(4): 1533-1536、1556.

王立新, 王凤梅, 邹佳文, 等, 2011. 豚草水浸液对小麦种子萌发及幼 苗生长的影响[J].常熟理工学院学报(自然科学版), 25(10): 67-70.

王明勇, 2005. 安徽省豚草发生现状与控制对策[J]. 安徽农业科学, 33(9): 1771、1786.

王朋, 王莹, 孔垂华, 2008. 植物挥发性单萜经土壤载体的化感作 用——以三裂叶豚草(*Ambrosia trifida* L.)为例[J]. 生态学报, 28(1): 62-68.

王蕊, 孙备, 李建东, 等, 2012. 不同光强对入侵种三裂叶豚草表型 可塑性的影响[J]. 应用生态学报, 23(7): 1797-1802.

王昕, 戴良英, 2016. 黄埔口岸进境粮食截获疫情分析[J]. 植物检疫, 30(6): 80-82.

王欣若, 吕久俊, 王延松, 2017. 一种土壤重金属污染修复方法: 中国, 20171057450. 6[P].

王学治, 凌兴泽, 翟强, 等, 2013. 辽河保护区 7 个三裂叶豚草种群果实多样性分析[J]. 草业科学, 30(11): 1808-1813.

王颖, 耿金培, 方绍庆, 等, 2010. 2009 年烟台口岸进境大豆携带杂草种子情况分析[J]. 植物检疫, 24(5): 52-54.

王志西, 刘祥君, 高亦珂, 等, 1999. 豚草和三裂叶豚草种子休眠规律研究[J]. 植物研究, 19(2): 159-163.

魏守辉, 曲哲, 张朝贤, 等, 2006. 外来入侵物种三裂叶豚草 (*Ambrosia trifida* L.) 及其风险分析[J]. 植物保护, 32(4): 14-19.

魏子上, 陈新微, 杨殿林, 等, 2017. 辽宁地区两种菊科入侵植物与本地植物光合特性比较[J]. 中国生态农业学报, 25(7): 975-982.

谢俊芳, 全国明, 章家恩, 等, 2011. 豚草入侵对中小型土壤动物群落结构特征的影响[J]. 生态学报, 31(19): 5682-5890.

邢冬梅, 陈德振, 舒先遇, 1993. 昌平县两种豚草的生物学及控制技术研究简报[J]. 中国植保导刊 (2): 31.

邢艳芳, 2012. 豚草和三裂叶豚草在吉林省内的分布及解剖结构研究[D]. 长春: 东北师范大学.

徐庆宣, 史彩华, 王福莲, 等, 2009. 豚草花序灭螺效果研究初报[J]. 江苏农业科学 (2): 303-304.

严致迪, 2014. 一种三裂叶豚草改性吸附剂: 中国, 201410762905. 2[P].

杨琦, 2006. 铁岭市豚草发生现状及防治策略[J]. 辽宁农业科学 (增刊): 78.

杨秀山, 董淑萍, 2008. 辽宁省外来入侵生物豚草的危害及防治技术[J]. 农业环境与发展 (2): 76-77.

杨毅, 郭文源, 1991. 不同光照强度对豚草生长发育的影响[J]. 湖北大学学报 (自然科学版), 13(2): 175-177.

杨再华, 胡放艳, 李晓龙, 等, 2017. 三裂叶豚草在贵州省的风险评

估 [J]. 贵州林业科技, 45(1): 1-5.

殷萍萍, 2010. 三裂叶豚草对入侵生态系统的影响及其反馈 [D]. 沈阳: 沈阳农业大学.

殷萍萍, 李建东, 殷红, 等, 2010. 三裂叶豚草入侵对植物生物多样性的影响 [J]. 西北农林科技大学学报(自然科学版), 38(4): 189-192.

余雄波, 邓克勤, 2007. 豚草卷蛾对豚草的控制效果 [J]. 植物检疫, 21(1): 14-15.

曾珂, 朱玉琼, 刘家熙, 2010. 豚草属植物研究进展 [J]. 草业学报, 19(4)：212-219.

张东营, 孟玲, 2007. 外来广聚萤叶甲对豚草取食和利用效率的测定 [J]. 中国生物防治, 23(2): 123-127.

张风娟, 郭建英, 龙茹, 等, 2010. 不同处理的豚草残留物对小麦的化感作用 [J]. 生态学杂志, 29(4): 669-673.

张国财, 赵杨, 马力, 等, 2010. 豚草杀虫活性物质毒力测定及安全测定 [J]. 东北林业大学学报, 38(6): 94-97.

张国财, 包颖, 张国珍, 等, 2015. 一种豚草植物源微胶囊制剂: 中国, 201510236379. 0[P].

张金谈, 刘光辉, 王逸冰, 等, 1988. 武汉地区空气中花粉调查研究 [J]. 武汉植物学研究, 6(2): 151-156.

张微, 曲波, 赵晓红, 等, 2013. 三裂叶豚草雄花序分化过程的初步研究 [J]. 中国农学通讯, 29(6): 102-107.

张微, 赵小红, 陈旭辉, 等, 2011. 三裂叶豚草雄花序分化期 ABA、GAs 和 IAA 的含量动态 [J]. 生物安全学报, 20(4)：349-350.

张小利, 崔建臣, 姚丹丹, 等, 2018. 植物源壬酸水剂对三裂叶豚草的防除效果 [J]. 植物保护, 44(2): 227-230.

张颖, 2011. 基于 GIS 的生态位模型预测源自北美的菊科入侵物种的潜在适生区 [D]. 南京：南京农业大学.

张玉曼, 2015. 三种外来菊科植物入侵对 AM 真菌群落多样性的影响及其互作反馈 [D]. 秦皇岛: 河北科技师范学院.

张尊斌, 刘敏, 2007. 徐州口岸首次截获三裂叶豚草 [J]. 检验检疫 (1): 26.

章家恩, 赵本良, 方丽, 等, 2012. 外来入侵植物豚草在杀灭福寿螺中的应用: 中国, 201210527089. 8[P].

赵浩宇, 何世敏, 舒长斌, 等, 2018. 四川外来入侵植物三裂叶豚草的危害及防控对策 [J]. 四川农业与农机 (6): 35-36.

赵奇, 胡兰, 李良, 等, 2006. 几种野生植物对4种农业害虫的室内生物活性测定 [C]// 第四届全国绿色环保农药新技术、新产品交流会暨第三届生物农药研讨会.

赵文学, 冉永正, 王翠萍, 等, 2004. 济南地区三裂叶豚草发生和控防措施 [J]. 植物检疫, 14(2): 77-78.

郑超, 张箭, 邹殿文, 2001. 俄罗斯滨海边区豚草发生严重 [J]. 植物检疫 (6): 325.

周伟, 徐瑞晶, 赵倩, 等, 2010. 广州市花都区豚草种群监测调查 [J]. 杂草科学 (3): 9-13.

周小刚, 张辉, 朱建义, 等, 2009. 四川首次发现三裂叶豚草大面积发生危害 [J]. 植物保护, 5(2): 166-167.

周忠实, 郭建英, 万方浩, 等, 2012. 一种利用广聚萤叶甲生物防治入侵杂草豚草: 中国, 201210528838. 9[P].

周忠实, 黄水金, 万方浩, 等, 2012. 一种利用杂交象草替代控制恶性入侵杂草豚草的方法: 中国, 201210422392. 1[P].

Bass D J, Delpech V, Beard J, et al, 2000. Ragweed in Australia[J]. Aerobiologia(16): 107-111.

Basset I S, et al, 1982. Biology of *Ambrosia trifida* [J]. Can J. Plant Sci. (62): 1003-1010.

Bassett I J, et al, 1982. The biology of Canadian Weeds 55 *Ambrosia trifidu* L. [J]. Can J. Plant Sci. (5): 1003-1010.

Bianchi E, et al, 1968. Psilotachyin, a cytotoxic constituent of *Ambrosia artemisiifolia* L. [J]. Aust. J. Chem. (21): 1109-1111.

Bradow J M, 1989. Germination Regulation by *Amaranthus palmerri* and *Ambrosia artemisii* Julin[M]// Joan Comstock, In The Chemistry of Allelopathy. ACS 268.

Brandes D, Nitzsche J, 2006. Biology, introduction, dispersal, and distribution of common ragweed(*Ambrosia artemisiifolia* L.) with special regard to Germany[J]. Nachrichtenbl. Deut. Pflanzenschutzd, 58(11): 286-291.

Brandes D, Nitzsche J, 2007. Ecology, distribution and phytosociology of *Ambrosia artemisiifolia* L. in Central Europe. Verbreitung, Okologie and Soziologie von *Ambrosia artemisiifolia* L. in Mitteleuropa[J]. Iuexenia(27): 167-194.

Chauvel B, Dessaint F, Cardinal-Legrand C, et al, 2006. The historical spread of *Ambrosia artemisiifolia* L. in France from herbarium records[J]. Journal Biogeograph(33): 665-673.

Clot B, Schneiter D, Tercier P, et al, 2002. Ambrosia pollen in Switzerland: local production or transport?[J]. Allergie Immunol (34): 126-128.

Fumanal B, Chauvel B, Sabader A, et al, 2007. Variability and cryptic heteromorphism of *Ambrosia artemisiifolia* Seeds: What consequences for its invasion in France?[J]. Annals of Botany (100): 305-313.

Kaklyugin V Y, Ismailov V Y, Ivanova T S, 2003. Search for biologically active natural substances as raw materials for pesticide production[J]. Agrokhimiia (11): 48-54.

Lavoie C, Jodoin Y, Merlis A G, 2007. How did common ragweed (*Ambrosia artemisiifolia* L.) spread in Quebec? a historical analysis using herbarium records[J]. Journal of Biogeography (34): 1751-1761.

Lawrenee J Kiog, 1966. Weeds of the World[M]. The Univetsity Press Aberdeen.

LeSage L, 1986. Ataxonomicmonograph of the nearctic galerucine genus *Ophraella Wicox* (Coleoptera: Chrysomelidae)[J]. Memoirs of the Entomological Society of Canada(133).

McFadyen R E, Weggler-Beaton K, 2000. The biology and host specificity of *Liothrips* sp. (Thysanoptera: Phlaeothripidae), an agent rejected for biocontrol of annual ragweed[J]. Biological Control (19): 105-111.

Muenseher W C, 1952. Weeds[M]. The Maemillan Company.

Palmer W A, Goeden R D, 1991. The host of range *Ophraella communa* LeSage(Coleoptera: Chrysomelidae)[J]. The Coleopterist Bul-letin , 45(2): 115-120.

Putnam A R, Defraak J, 1983. Use of phytotoxic plant residues for selective weed control[J]. Crop Protection(2): 173-180.

Quinones K, O'Shea K, 2003. Extraction of thiarubrine—A from the roots of ragweed[C]. Abstracts of the American chemical society.

Smith W H, 1981. Airpollution and forests: Interactions between aircontaminants and forestecosgstems[M]. New York: Springer-Verlag.

Stanley R G, Lenokens H F, 1974. Pollen Biologychemistry management[M]. NewYork: Springer-Verlag.

Vulgaria H V, 2004. Naturalized alien plants in South Korea [J]. Technology(18) : 1494.

Watanabe M, 2000. Photoperiodic control of development and reproductive diapause in the leaf beetle *Ophraella communa* LeSage[J]. Entomological Science, 3(2): 245-253.

Willemsen R W, Rice E L, 1972. The seed domancy mechanism of *Ambrosia artemisiforia*[J]. *Amer. J. Bot.* , 79(3): 248-257.

Yamazaki K, Imai C, Natuhara Y, 2000. Rapid population growth and food-plant exploitation pattern in an exotic leaf beetle, *Ophraella communa* LeSage(Coleoptera: Chrysomelidae), in western Japan[J]. Appl Entomol Zool, 35(2): 215-223.

图书在版编目（CIP）数据

豚草监测与防治/付卫东等著. —北京：中国农业出版社，2020.11
（外来入侵生物防控系列丛书）
ISBN 978-7-109-27816-5

Ⅰ.①豚…　Ⅱ.①付…　Ⅲ.①豚草-外来入侵植物-监测②豚草-外来入侵植物-防治　Ⅳ.①S451

中国版本图书馆CIP数据核字（2021）第020401号

中国农业出版社出版
地址：北京市朝阳区麦子店街18号楼
邮编：100125
责任编辑：冀　刚
版式设计：李　文　责任校对：范　琳
印刷：中农印务有限公司
版次：2020年11月第1版
印次：2020年11月北京第1次印刷
发行：新华书店北京发行所
开本：850mm×1168mm　1/32
印张：9
字数：160千字
定价：98.00元